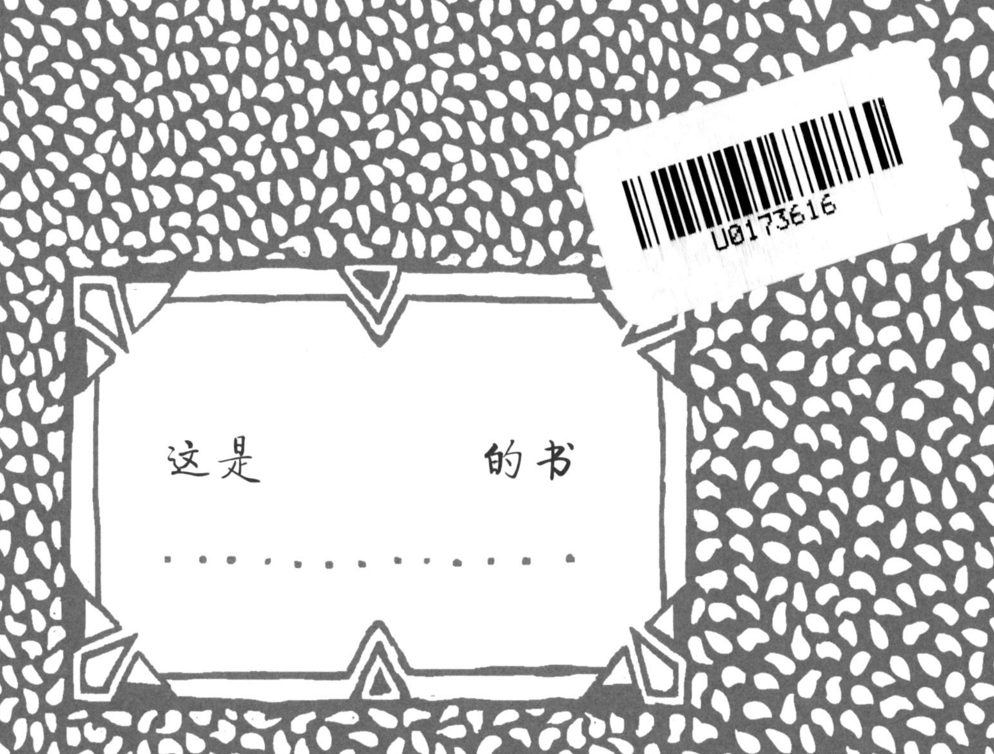
这是　　　的书

献给我的父母，因为他们给了我信仰的自由，也鼓励我迈出探索的脚步。

——扬·保罗·舒腾

献给我的哥哥，他的天文学知识终于派上了用场。

——弗洛尔·李德

宇宙的秘密

从粒子到万物

［荷］扬·保罗·舒腾 Jan Paul Schutten——著

［荷］弗洛尔·李德 Floor Rieder——绘

张佳琛——译

人民文学出版社
PEOPLE'S LITERATURE PUBLISHING HOUSE

目录

我们的太阳系
绝对不是真
实的比例
火星
金星
土星

天王星
水星
地球
木星
海王星

如果有人
在月亮上冲你挥手，你
要等上一秒钟才能看到。
这主要是因为月亮离我们有
38.44万千米那么远！整个宇
宙已经近140亿岁了，神奇吧！
宇宙有多大呢，大到光都要花上好
久好久才能到达地球。你能想象吗？
离地球最近的是……
对了，还有太阳，太阳当然也是
恒星啦……
又来了……
巴
拉巴
拉巴拉巴
拉……
巴拉巴拉
巴拉巴
拉……

话要说在前面……

看完这三个理由你应该就不会想放火把这本书烧掉了

你肯定见过超美的日落吧？我猜你很可能还看到过晴朗的夜空中无数颗像钻石一样闪烁着的星星。别忘了还有从空中眺望大海、森林或者高山的景象。也许在这种时刻，你会很想知道太阳、星星和地球都是从哪里来的。我们的宇宙是怎么出现的？宇宙里为什么有东西，或者说为什么宇宙不是空空如也的？空荡荡的宇宙听起来也挺有道理的，不是吗？因为只有这样，各种各样的东西才有出现的可能嘛。宇宙里一直都有很多东西吗？还是说空荡荡的宇宙曾经真的存在过？可是如果宇宙本来是空荡荡的，那么这些东西又是怎么凭空出现的？如果宇宙从一开始就有东西，那这些东西又是怎么来的？我们的宇宙是不是被创造出来的？如果是的话，那么宇宙的创造者也是一直存在的吗？“一直”的起点到底是多久以前？无数的尽头又是什么？无数次的无数会比普通的无数更多吗？如果你把自己吃掉，那么你是会变成现在的两倍还是干脆会完全消失？

如果你也经常产生类似的疑问，那你可就走运了，因为这本书可以帮你解答这些疑问。只不过还有一个小小的麻烦。这个麻烦不大，也不严重，别担心。但是我得把话说在前面。这个麻烦就是：这一大堆的问题当中，有很多其实都没有答案。因为如果我能找得到这些问题的答案，那我早就找一个热带小岛开心地晒太阳去了。到那个时候，我又有钱，又有名，躺在吊床上小口喝着一杯插着小太阳伞的鸡尾酒。毕竟我解决了世界上最难解答的问题嘛。

无数个你

但是你可千万不要因为失望就马上去把这本书烧掉，我们还是能在宇宙起源这条路上走得很远的。有多远呢？我们可以回到宇宙出现后的第一万亿分之一的一万亿分之一的一万亿分之一秒，所以也还不错对不对？还有更妙的，为了探索宇宙的起源，我们还要在物理学和天文学的海洋里游上一圈。在时间旅行的世界里，有黑洞，有暗物质，还有能直接穿透你和整个地球的粒子，还有些粒子可以同时向左转和向右转（你可以自己试试看），当然还有无数个宇宙跟里面的无数个你我——这都是真的！这是一个由那些小到不能再小的东西和大到不能再大的东西组成的世界。天才的思想家和科学家都很认真地思考过这些问题。等你读完这本书，就能对这个世界有一些简单的认识了。现在，把火柴盒放回去吧，你再读几页的话，搞不好会惊讶到从椅子上蹦起来。

你会是那个解开谜题的人吗？

你知道吗？要想解开这种谜题，最重要的不是进行复杂而且深刻的思考，而是找到那些正确的问题并且把它们提出来。正确的问题指的也就是那些能够被解答的问题。年纪小的孩子往往能想到最棒的问题。所以没准儿你在读完这本书之后就会想到一些问题，然后帮助科学家（或者你自己）解决宇宙之谜呢。

可别忘了：读完这本书之后，你要是再碰到那些号称自己知道宇宙所有奥秘的人，就知道这个人肯定不靠谱了。不过如果你是在一个热带小岛上，碰到一个躺在吊床上喝着一杯插着小伞的鸡尾酒的人，那可就另当别论了。

523个知识点

我还得提醒你一下，这本书里有很多很多的信息。读着读着，你可能会觉得新知识太多了，头都晕了。这是很正常的。我数了一下：这本书里一共有523个有用的知识点。但是你也不用担心你的头被这些新知识撑爆。我们已经做过测试了，还没有出现过大脑支撑不住的测试者。

在这本书里，有些知识点理解起来还是很有难度的。很多聪明绝顶的大科学家都花费了好大的力气才把它们弄懂。当然了，你肯定没有这方面的问题。不过我也知道很多孩子是会和父母一起看这本书的。爸爸妈妈可能不会像你一样，能很快就理解这些知识点，所以我准备了一些“宇宙小知识”。有些内容反复读上两三遍都没问题。因为你对它越熟悉，理解起来就越快。而且你其实不需要弄懂所有的内容。有不懂的地方并不是什么大问题，因为就连世界上最聪明的天才都会遇到无法理解的问题。

— 第一部分 —

穿越时间的旅行

第一部分

想知道宇宙的起源，就要进行一场穿越时间的旅行，跨度大概是140亿年。现在有些人一提起时间旅行就开始皱眉头，说什么时间旅行是很难实现的，或者干脆就说那是不可能的。但其实现实情况并没有那么夸张。你每天都在进行着穿越时间的旅行，只不过和科幻电影里时间旅行的方式不太一样罢了。那种时间旅行非常特别。怎么个特别法呢？要不然这样吧，我们一起在想象中来一场时间旅行怎么样？让我们一起回到很久以前，而且是很久很久很久很久以前。

“千里之行始于足下”，这是古代一位中国智者留给我们的名言，所以我们也得勇敢地迈出第一步。先以一秒钟为单位怎么样？我还没说我们要去哪儿。不过你也不用着急去拿游泳衣，你也不会被送回家。我来倒数，我们准备出发了：3、2、1、0…… ★闪光★

距最近的洗手间38万千米

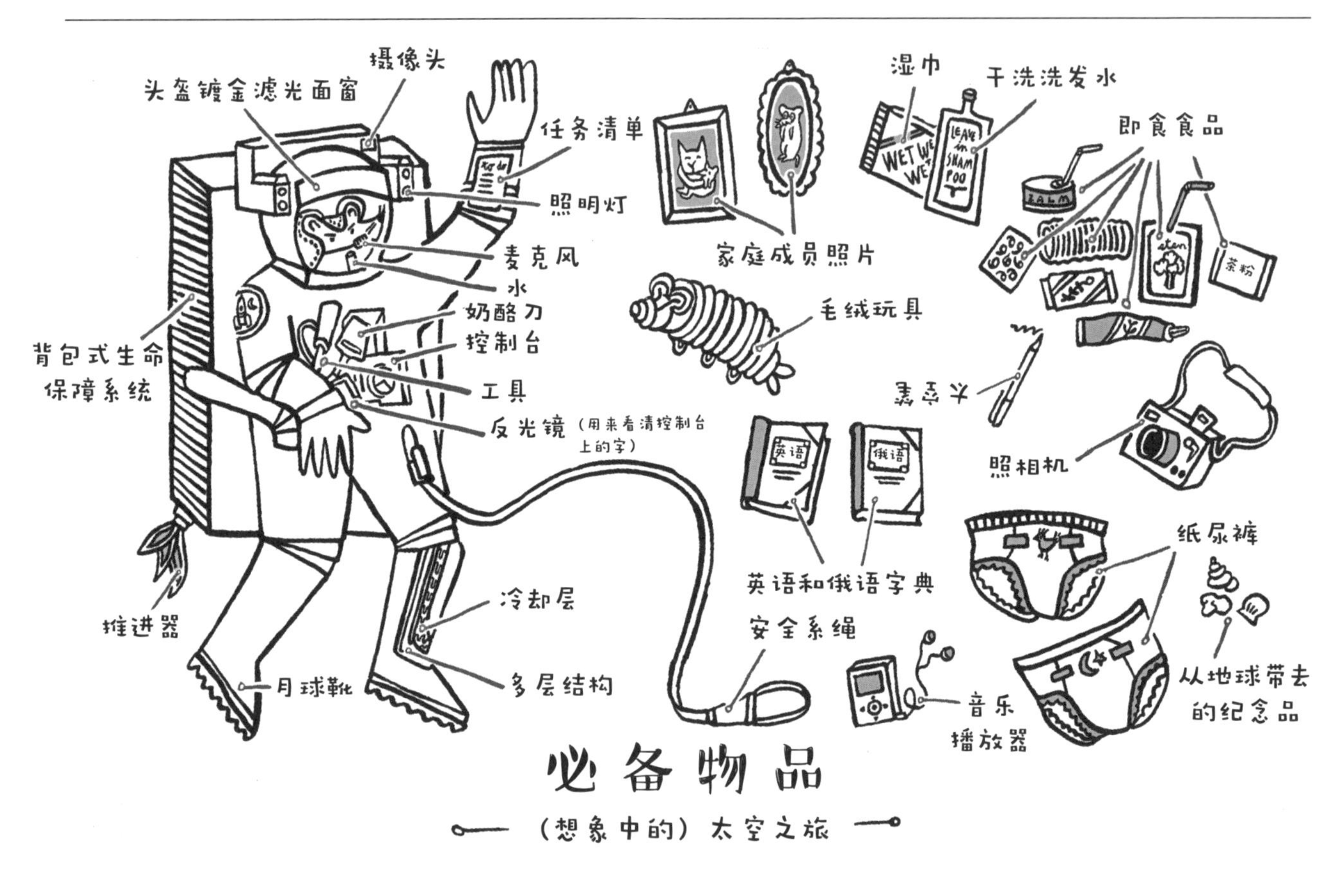

好了，我们到了。我们往回退了一秒钟，并且在宇宙中前进了38万千米。但是我们往哪个方向走了呢？

我们得先了解一下安全知识。不论如何，不要脱下你的航天服，因为它不但能保护你免受太阳的高温，也能让你在阴影里不会因为温度过低而冻死。而且这里既没有氧气也没有气压，所以你只能依赖你的航天服：没有氧气的话，你是无法呼吸的；我们的肺已经习惯了气压的存在，如果气压消失了，肺就会肿起来，然后爆掉。记得把头盔上的滤光面窗放下来，这样刺眼的太阳光就不会伤害你的眼睛了。最后，走动的时候一定要加倍小心。你在这里的体重只有在地球上的六分之一，所以如果你像在地球上一样走路的话，每一步都会像在跳远一样，所以你会很容易摔跤的。最好的办法是保持同样的频率，一小步一小步地往前走。虽然这会让你看起来很像是在泳池里面挣扎的天线宝宝，但至少这样会比较安全。好了，安全须知就到这里。很抱歉，让你穿上了纸尿裤，不过它马上就会派上用场了。因为我们现在距离最近的洗手间有38万千米。如果我告诉你，在这里无论是谁都要穿上纸尿裤，你是不是会开心一点儿？只不过“纸尿裤”听起来实在是不够酷，所以航天员都喜欢用“吸水内裤”来称呼它。好了，我知道你不是来跟我讨论纸尿裤的。你正在进行一场想象中的时间旅行。现在，你已经回到了一秒钟之前。

太空中的脚印

你的运气还不错，这里没有太多飘浮着的尘埃。尘埃是很常见的，要是有一颗小行星刚刚坠落在附近，就会产生非常多的尘埃。而且你周围既没有空气也没有水蒸气，所以能一眼看到很远处的高山，好像它们就在眼前一样。你头顶的天空是漆黑的，身边的石头和山脉是银灰色的，上面还罩着一层金色的光晕。除了航天服里面的声音，你听不到任何声响，所以你自己的呼吸声和心跳声都会无比清晰。

你脚下踩着的土地看起来就像白糖一样。颗粒在阳光的照射下闪着光，就像地球上的美丽钻石一样。快看那里，有脚印！上次这里有人光顾那还是五十多年前的事情。稍远一点儿的地方有一面灰色的旗帜在随风飘扬——或者说，它只是看起来像在随风飘扬：毕竟这里连一丝丝的风都没有。美国航天员之前在这里放了一面卷曲的美国国旗，但是在太阳光的照射下，它已经完全变成了灰色。如果你在这个时候抬头，那你看到的星星会和你在地球上看到的完全一样：大熊座、猎户座、仙后座等等。但是你现在看到的星星要比以前看到的清晰得多。看那边，就在地平线上面一点点的地方，你能看到一颗美丽的蓝色星球：地球。如果你刚才还没猜到的话，现在总该知道了吧：你现在正站在月球上。

为什么眼睛总是在做时间旅行？

假设你有一架超级天文望远镜，比现有的最高级的望远镜还要厉害一百倍。现在我们来用它观察一下地球，你就能找到你的小伙伴们，他们正在操场上玩耍呢。而且他们知道你正在看他们，所以开始向你招手。你肯定会认为你看到的景象就是这一刻正在发生的事情，但是事实不是这样的。你看到的一切其实都是整整一秒钟之前发生的事情。你通过你的眼睛完成了一次时间旅行。你现在距离地球有38万千米那么远，所以你看到的一切都有了一点点延迟。而且你要知道，月亮已经是离我们最近的天体了。太阳离我们更远，有1.5亿千米的距离，所以太阳发出的光要在8分钟之后才能到达地球。

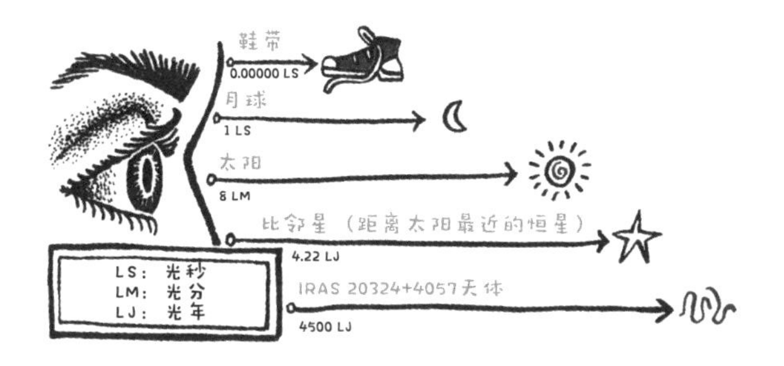

用望远镜观看《星球大战》

所以你看到的所有景象其实都发生在过去，就连你真的“看到”这句话都有三十亿分之一秒的延迟。不过那些观察太空的人才是真的在通过眼睛进行时间旅行。他们的旅程有的时候只有一秒，比如在观察月球的时候；有的时候是几分钟，比如观察火星或者金星这样的星球时；有的时候是好几年，比如观察一些恒星时。大多数情况下，这场旅行穿越的时间会更长。就拿距离太阳最近的一颗恒星来说吧，它的名字叫作比邻星。光从比邻星出发，要花上四年零几个月的时间才能到达地球。所以其他时间旅行的跨度还可能比这长得多。甚至还有这样一些恒星，它们和地球之间的距离实在是太远了，所以从它们那里出发的光，至今还没有到达地球。所有这一切都有一个前提——光的旅行速度是非常非常快的。准确地说，光的旅行速度是最快的。

你还记得电影《星球大战》的开场吗？“很久很久以前，在一个遥远的星系……”假设卢克·天行者和达斯·维达之间的故事真实发生过，而且我们确实拥有一架超级天文望远镜，那么我们就不需要去电影院了，因为我们在家就能亲眼看到太空大战是怎么发生的。

好吧，我承认。我们并没有真的完成一场抵达月球的旅行，我们只是逆着时间的方向往回看而已。超光速的时间旅行在现实中是不可能实现的，不过好在我们想象中的这个时间旅行实验不受这种规则的限制。所以接下来，我们要通过我们的眼睛继续回到过去。不过如果我们总是一秒钟一秒钟地行进，是永远到达不了宇宙起源的那一刻的。所以我们得加把劲。准备好了吗？要出发了！★闪光★

4500年前的烟火

我们到了。下一站就是这里。现在，你可以暂时放下滤光面窗看看四周。景色是不是很特别？你肯定没见过吧。这是一团五彩缤纷的巨大云朵，看起来就像余晖一样，但是又像彩虹一样色彩斑斓。这场面肯定会让你想起大型烟火表演。更棒的是，这些色彩不会像烟火一样很快消失，反而会一直保持鲜艳和明亮。烟火的色彩是靠不同的金属实现的。我们现在看到的这些颜色，实际上都是爆炸后的恒星产生的气体：蓝紫色的是氢粒子，发出橙色光的是氦，氮是紫罗兰色的，蓝绿色来自氧，氖则是鲜红色的……这些气体还有可能会组成新的恒星或者行星。

我们现在究竟在哪里呢？我们正飘浮在被称为IRAS 20324+4057的原恒星周围。地球上的人如果想看到它，需要把天文望远镜对准天鹅座。但是对于我们来说，方向刚好是相反的，因为我们正从这颗原恒星看向地球。现在，我们的超级天文望远镜就派上用场了。望远镜里的天空已经不再是我们熟悉的样子了。从这里看出去，所有的恒星和星座看起来都不一样了。等等，那边有一颗被好几颗行星环绕着的恒星——其中一颗行星的周围有个环，还有一颗是漂亮的蓝色星球——那肯定就是被土星和地球环绕着的太阳了。

用一面镜子就能解决的盗窃事件

现在，让我们把超级天文望远镜对准那颗蓝色星球，再把画面放大一些。我们已经能看清南美洲和非洲了。然后我们再把非洲的北部放大。我们能够在靠着尼罗河和地中海的地方找到埃及。再放大一些，我们就能看到十几个正在移动的小黑点，看起来和虫子差不多。但如果你再仔细地看一看，就会发现那些其实都是地球上的人。他们大部分都只在腰上围了一块布，只有一小部分人穿着衣服，还戴着非常好看的头饰。他们在做什么？我明白了，他们正在修建吉萨金字塔群中的一座！除了正在施工的这一座，这附近还有另外两座金字塔。不远处就是狮身人面像。IRAS 20324+4057距离地球太远了，所以我们现在看到的地球其实是4500年前的地球。很抱歉，我们在现在的位置上是看不到今时今日地球上的景象的。

如果我们从地球看向太空，我们观察的目标与我们相距越远，我们所见的事发生得就越久远。同样，如果我们从一颗遥远的行星看向地球，也只能看到地球过去的样子。让我们来发挥一下想象力：如果我们在距离太阳系非常非常远的位置架上一面巨大的镜子，让它照向我们的地球，然后把我们的望远镜对准这面镜子。那么地球上曾经发生过的很多著名的案件就有解决的可能了！首先我们就可以向交警叔叔证明我们并没有骑车闯红灯了，因为当时还是黄灯。不过这个办法有一个小缺点。如果我们今天开始着手布置这面镜子，也要再等几十年才能开始使用它。毕竟我们现有火箭的飞行速度有限，而且这面镜子只有在距离地球非常远的地方才可以发挥作用。最重要的是，镜子的角度要非常精确才可以。调整好之后，我们每年都可以看到比之前的一年看到的更早发生的事情，因为这面大镜子会离我们越来越远。但是这么做的缺点是，我们没办法准确地调整我们看到的画面。另外，我们还要考虑一下预算，因为这个项目至少需要几千亿欧元。好吧，我们必须得承认，这个计划稍稍有些蠢，而且也很难实现。

两根鞋带的长度约为一亿亿分之一光年

我们前面的路其实还有很远。4500年听起来很吓人，但是请不要忘记，我们的目标是要回到140亿年前。所以说，尽管这颗原恒星距离地球已经有43000万亿千米那么远了，但是从宇宙的角度来看，IRAS 20324+4057其实只能算是出门右转的距离。看到上面这个数字你就能发现，继续用千米来标记太空中的距离实在太不实用了。相比之下，“光年”就要好用很多。光年就是光在真空中一年里前进的距离，大概是95000亿千米。换算一下的话，IRAS 20324+4057距离地球大约4500光年。用光年来表示就可以少很多的零，不过这并不适用于很短的距离，毕竟用光年来计算鞋带的长度是非常非常麻烦的。

现在，我们要进行一次真正的远途旅行了，比刚才来到IRAS 20324+4057时我们跨越的43000万亿千米还要远得多。

一场爆炸发出的光像100 000 000 000个太阳那么亮

我们离开IRAS 20324+4057之后要先来一个急转弯，然后加速前往目的地。现在你只能看到身边不断有恒星和星系的影子闪过，那感觉就像在一条隧道里飞驰时身边的路灯一直不断地向后退去。开始的时候，你可能还想努力看清周围的景象，但是我们还需要再次加快速度。现在，周围的所有事物都变得模糊，我们什么都看不清了。之后我们要反方向飞行一小段距离，然后在几秒钟之后完全停下来……四下看看吧，这里的太空风景看起来会有点儿奇怪，毕竟这是你从来没见过的景象。你看到离我们最近的那颗恒星了吗？它看起来要比太阳大上好几倍。更神奇的是，我们只靠肉眼就能看到十几个星系。这在地球上是绝对不可能发生的。所以在我们目前所处的这个空间里，一切事物之间的距离显然比太阳系里的要小。从这个角度看出去，宇宙甚至稍微有一点儿可怕。这里会不会潜藏着危险？你也许会开始寻找外星飞船的踪迹，不过无论你怎么努力，都不会找到能证明有生命存在的痕迹。

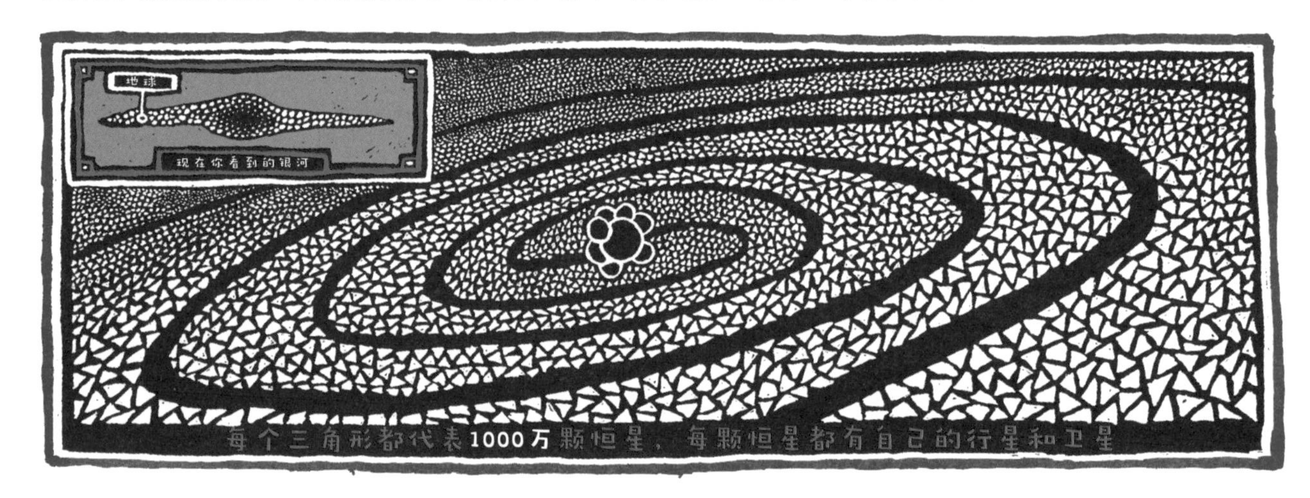
地球
现在你看到的银河
每个三角形都代表1000万颗恒星，每颗恒星都有自己的行星和卫星

从水晶球里看太空

这场想象中的太空旅行已经变得很不一样了。或者可以说，我们刚刚完成的这次旅行更不可思议，因为我们这次真正地回到了很久以前——准确地说是50亿年前。但并不能说我们现在距离地球有50亿光年，只能说我们还在银河系——也就是地球所处的星系当中。我们具体在哪里呢？我也不知道！在我们生活的现代，银河系里约有2000亿颗恒星，但是我们此时此刻在想象的时间旅行中是看不到它们的。我们眼前的这条银河是50亿年前还很年轻的银河，它的规模要小得多。在它成为一条成熟的银河之前，还需要吞并另外几个星系才行。更重要的是，在这50亿年当中，还会有亿万颗新的恒星“出生”“长大”。其中一颗就是我们的太阳，因为当下它还并不存在。火星、金星和地球当然也还不存在。所以就算你拿出天文望远镜也是看不到地球的，还不如试试拿出你的水晶球，如果这个水晶球真能预知未来的话。我们面前的这颗恒星没有名字，而且我们其实也不是很了解它。不好意思啊，你现在肯定觉得我们的上一个目的地要比这一个精彩多了对吧？你会这么想也不是没有道理的，毕竟这是一场想象中的时间旅行，可能的目的地那么多，我们却选了这颗平常无奇的恒星。不过你也别气馁，我们来到这里是有原因的。如果没有这颗恒星的存在，太阳和地球就都不可能存在了。

真正精彩的还在后头，因为这颗恒星马上就要爆发了。首先，这颗恒星的核会缩小很多，但是它的其他部分反而会膨胀很多，这颗本来就要比太阳耀眼很多的光球会变得更加耀眼。然后，它缩小了一点儿，又膨胀了一点儿。它在一段时间内一直重复这个过程，从我们的角度来看，就好像是这颗恒星没法儿决定自己到底是想变小还是想变大似的。它最终会变得巨大，然后整个爆发开来，在接下来的几个月中发射出非常耀眼的光芒，强度大概相当于几千亿个太阳加在一起……

地球的诞生

这种爆发的恒星被称为超新星。超新星爆发是太空中的壮丽场景之一。爆发之后，只有恒星的一部分能被保存下来，保存下来的部分大概直径30千米左右，但是仍然和我们的太阳差不多重。也就是说，组成恒星的那部分粒子在爆发后更加紧密地结合在了一起。如果我们能从爆发后的恒星上挖下茶匙大小的一块，它的重量能达到几万亿千克。除此之外，这颗恒星也会保持高速自转。尽管它自身重量非常大，却能在一秒钟之内完成三百次自转。之前那种耀眼的光芒在这个时候早就已经消失不见了。它现在发出的只有致命的射线。所以我们要赶快离开这里！毕竟不远的地方还有奇妙的景象在等着我们。

恒星在爆发中失去的物质已经被弹射了出去，以飞快的速度开始在太空中运动。它们会和其他恒星爆发后产生的尘埃粒子组成一朵星云。在接下来的几万甚至几百万年当中，这些粒子会相互结合成块。这些大块再继续旋转，然后互相吸引，结合成新的、更大的团块。这些更大的团块就像高速转动的旋转秋千。游戏没开始的时候，旋转秋千的绳子都是垂下来的。但是只要游戏一开始，秋千就会越转越高、越转越远离中心，这些更大的整体也是一样的。就像煎饼烤盘以中心为轴旋转一样，就在这个中心点的位置上，出现了一个越来越大、越来越重的圆球，也就是我们的太阳。那些绕着中心点旋转的团块最后就互相结合，变成了一颗颗行星。其中的一个就是我们的地球。

于是我们就在这场想象的时间旅行中见证了地球的诞生。说实话，这是不是非常值得一看？我们这次回到了50亿年前，看到了宇宙中更多的景象。不过我们接下来还要继续再倒退一些，这次是90亿年。要加把劲了。不过在我们出发之前，先来了解一下宇宙中那些最微小的粒子吧。

12个碳分子，22个氢分子和11个氧分子加在一起是甜的

我猜你现在应该已经准备好向我提出几个非常重要的问题了。比如说，一颗比太阳还要大的恒星怎么可能缩小到和一座城市差不多的样子？或者，我们有没有可能让一座山缩小到一颗网球的大小？答案是：可以。不过首先你必须要知道，我们只有在了解一切物质的组成之后，才能成功地做到这一点。一切物质指的就是宇宙中的一切。从石头、行星到山峰、骆驼、花生酱、果酱、花园里的地精摆件、墙纸、过家家的玩具和莴苣。

头发夹心配牙齿酱的三明治

我猜你肯定学过，我们能看到的所有物质都是由分子组成的（除了金属，金属是直接由原子组成的），而分子又是由原子组成的。但是你也许还不知道，古希腊人在公元前几百年就发现了原子的存在。而且他们没有依靠显微镜，只靠严密的逻辑推理就做到了这一点。这都是真的，古希腊人非常善于运用他们的聪明才智。首先，显微镜在那个年代还不存在，而且就算他们有显微镜，分子对于显微镜来说也实在太小了，根本就看不到。古希腊人的思考方式其实很简单，你也能做到，让我们一起来试一下。

我们每个人都是从小婴儿成长起来的。和那个时候相比，现在的你长高了、牙齿更坚固了、骨骼更强壮了、肌肉更有力量，而且头发也变多了。但是同样还是你，这些多出来的“你”是从哪里来的呢？当然是从你每天吃掉的食物里来的。不过你肯定没吃过头发夹心配牙齿酱的三明治对不对？我猜你肯定没吃过。我们并不会直接吃掉头发、骨头和牙齿，所以我们的食物肯定可以像乐高积木一样，被分解成一些非常非常小的东西，然后再重新组合，变成身体的一部分。古希腊人把这些非常小的东西称为“atomos”，是“不可以再分”的意思。原子“atom”这个词就由此而来。我们周围的世界都是由原子构成的，比如氢原子、氦原子、氧原子、碳原子、铁原子等等。总共有一百多种不同的原子。

其实你和一叠打印纸差不太多

人们后来发现，古希腊人口中“不可以再分”的原子其实是可以再分的。不过原子更擅长组合在一起，变成分子。比如水分子，它不是由两个水原子组成的，而是由两个氢原子和一个氧原子组成。而氧原子只有在两个一组的情况下，才能组成氧分子，为我们的身体提供氧气。可丽饼中的蔗糖是由12个碳原子、22个氢原子和11个氧原子组成的。只要你有足够的时间，就可以不停地把这些原子组合成不同的分子。有些复杂的分子甚至是由上百万个原子组成的。

我们就拿印这本书用的纸来举个例子。纸并不是由纸分子组成的，因为并没有纸分子这种物质。纸是由很多种不同的分子组成的。这些分子的主要成分是碳原子、氢原子和氧原子。如果我们把这些原子全都拆下来，然后重新组合一下，就可以制造出蔗糖。从树上砍下来的木头基本也是由这几种分子构成的。就连你自己也是一样。用碳原子、氢原子和氧原子混上一些氮气、石灰，再加一些其他原料，我们就能再做出一个你来，保证跟你一模一样。

原子和分子的存在很好理解，但是想要理解世界是由这些非常非常小的原子组成的就有点儿困难了。因为我们平常见到的材料都是砖头、黏土、木板、毛线或者硬纸板，又或者是面粉、黄油和鸡蛋这些食材。它们就像乐高积木一样，可以组合成各种东西。但是世界的组成方式和造房子、缝衣服或者做饭是完全不一样的。

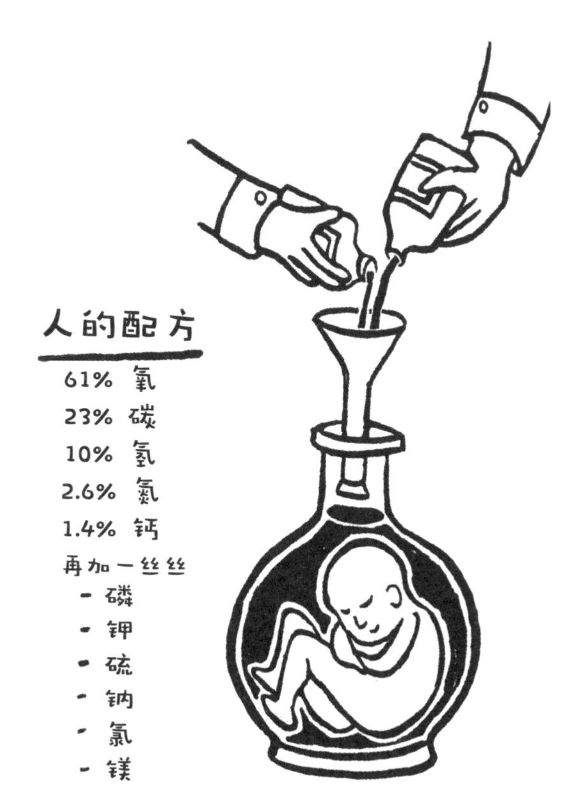

人的配方
61% 氧
23% 碳
10% 氢
2.6% 氮
1.4% 钙
再加一丝丝
- 磷
- 钾
- 硫
- 钠
- 氯
- 镁

把十万个分子摆成一排

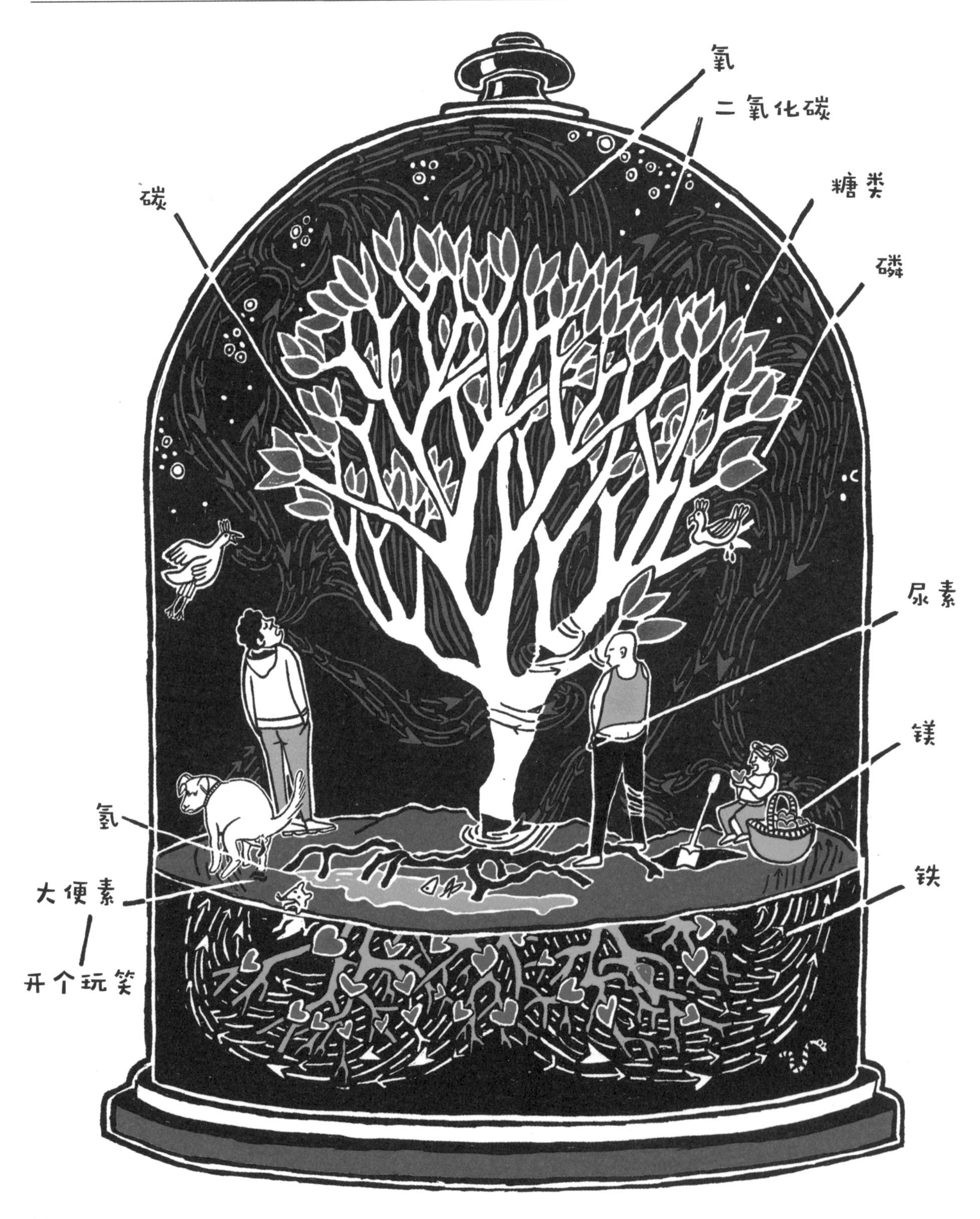

你有没有想过，一棵参天大树上的那么多木头都是从哪里来的？是从土里来的，还是从树根吸收的水里来的？水里有没有能够组成树干或者树枝的物质？还是说树根能够直接从土壤里获得一棵树需要的所有物质？这是不是意味着土其实变成了木头？这种说法听起来好像很有道理，但事实并不是这样的。

一棵树想要生长，主要靠我们肉眼看不到的二氧化碳，它们就在我们周围的空气当中。比如我们平常是感觉不到二氧化碳分子的存在的，但其实我们每次呼吸都会把它们吸进去再呼出来。树上的叶子可以在光和地下水的帮助下把二氧化碳变成糖类（碳水化合物）等有机物，然后再变成树的一部分。所以我们呼出来的气体会变成树上的一点点木材，然后再被做成一张桌子或者一根棒球棒。在这个过程中，树上的叶子还会生产氧气，供我们呼吸。这简直就是高级的乐高积木游戏嘛……

一大块氧气

分子实在太小了，只能靠非常复杂的科技手段才能被看到，所以我们需要用到世界上最精密的显微镜。你可以想象一下：一根头发的直径大概是十分之一毫米，但是这个距离足够我们把十万个分子摆成一排了。分子随处可见，它们有三种存在形式：气体、固体和液体。水也可以变成气体，比如你在烧水的时候能看到从水壶里面飘出来的水蒸气。水龙头里面流出来的是液体的水，但是它在冬天也会变成冰，然后我们就可以去湖上快乐地溜冰了。无论是水蒸气、水还是冰，都是由同样的分子组成的。温度最低的时候，它是固体；温度很高的时候，它会变成气体；不冷也不热的时候，它就是液体的水。

石头在温度非常非常高的情况下会变成岩浆，冷却之后就又会变回非常坚固的石头。我们都知道我们在呼吸的时候会把氧气吸进去，但是氧气在温度很低的环境当中也会变成液体。如果温度特别特别低的话，你甚至能把它变成一大块固体。像铁和铜这样坚固的金属也可以变成气体，只不过需要在非常高的温度下才能实现。我们刚刚见识过了，超新星——就是爆发的恒星——能把非常重的金属变成气体“喷”出去。在荷兰，有一位艺术家把污染环境的气体做成了很重的石块，它还能用来打破窗户呢！

你可能会想，好吧，这些我都明白了，但是我还是不知道怎么才能把一座山变成网球那么大。耐心点，我们马上就要说到这部分了。

你的想法和感觉又是从哪里来的？是从大脑来的，对不对？那大脑又是由什么组成的呢？其实也是由原子组成的。你喜欢上一个人时心里那只乱撞的小鹿、你听到美妙的音乐时皮肤上出现的鸡皮疙瘩、你爆笑之后脸上流下的眼泪，以及你为了解决问题写下的超赞的好主意，这些想法和感觉其实都来自无数个没有生命的、非常小的粒子……

这些粒子同样可以轻轻松松地组成卫星、鹅卵石、烤肉三明治和红酒开瓶器，而且这些粒子很可能来自一颗在几十亿年前爆发的恒星。

微小物质的世界

该说正事了。一颗巨大的恒星是怎么被压缩成小小一个的？是时候认真研究一下原子的结构了。

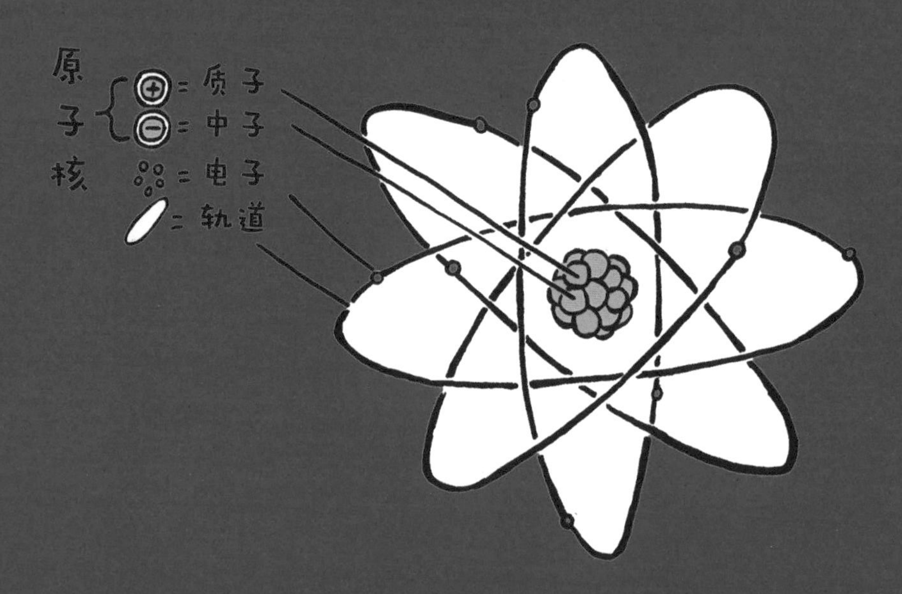

你周围的一切看起来都巨大，牢不可破，和一堵石头砌的墙、一面峭壁或者一扇大铁门没什么两样。可是这些坚固的物质看起来又好像没什么具体的组成部分……在一个分子当中，原子之间确实就是空的，而且原子基本上也都是空的。

你可能会把原子想象成一个小球或者小方块，但事实并不是这样的。原子是由更小的粒子组成的。原子正中间的原子核里面有一个或者很多个质子。原子核的周围还飘浮着电子。

质子的数量决定了原子的种类。氢原子只有1个质子。氦原子有2个，锂原子有3个，以此类推。最后一种原子是鿫（Og），它有118个质子。就算你从来没有听说过这种元素也不用担心。你在日常生活中绝对不需要它，而且它也不会让你的三明治变得更美味。

在绝大多数情况下，原子中电子和质子的数量是一样的。氢原子有1个电子，氦原子有2个，锂原子有3个，以此类推。

我们现在假设一个氢原子的原子核可以被放大一千万亿倍，现在它有一个橙子那么大了。这个时候，氢原子的那个电子正在5千米外绕着这个橙子转圈。现在你应该知道原子里面有多空了。

我们假设原子的大小相当于一个溜冰场
原子核就相当于在溜冰场正中央的一个小孩儿头上戴的毛线帽上的那个毛绒小球。
电子

电子就更小了，几乎可以说是无比微小。但是如此小的电子似乎还长着长长的胳膊肘，因为它们也有过不去的地方。这些小东西确实挺奇怪的。

电子可是一群疯狂的小东西，它每秒要绕着原子核转7千万亿圈，也就是“7”后面有15个“0”……

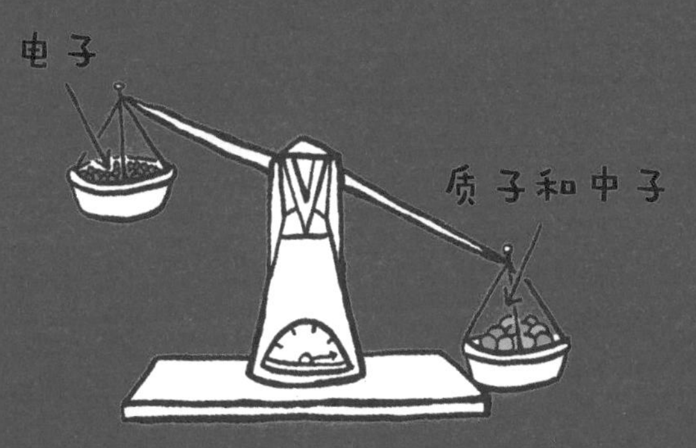

原子里面还有其他粒子，比如中子。和质子一样，中子也在原子核里面。一般情况下，我们很难注意到它。不过如果我们把它放到天平上就不一样了。中子是原子中质量最大的部分。它比质子质量大一点儿，比电子质量要大近2000倍。

很多人分不清中子和中微子，但是它们其实是完全不同的粒子。中微子像是一半粒子、一半“鬼魂”。太阳随时随地都在发射中微子，它们会直接穿过你的身体，而你完全不会有感觉。它们甚至能毫不费力地穿过一扇几万亿千米厚的铅做的门（如果这种门真的存在的话）。

质子和中子也是由更小的粒子组成的：夸克。夸克又有不同的形状和大小。夸克真的非常非常小。就算我们能把它放大一万亿的一万亿倍，我们也不能把它拿在手里。

除了夸克，还有光子、玻色子、胶子和饺子（不好意思，最后这个是我的玩笑话）。它们都有各自的功能，只不过我们还不完全了解它们四个的性质罢了。

这些微小的粒子会不会也是由更小的部分组成的？也许吧……不过这个问题我们现在暂时先不讨论。

你现在也许可以想象一颗巨大的恒星为什么能缩小那么多了。整颗恒星都是由微小的粒子组成的，而粒子中间全都存在着非常大的空间。只要条件合适，这些空间就可以被压缩，就像一块海绵可以被揉成一小块一样。这听起来很神奇，但是很快你就会看到电子和光子更加神奇之处，你会明白，为什么那么微小的粒子也可以有重量。这一切都和阿尔伯特·爱因斯坦的那个著名的方程式有关：$E=MC^2$。现在，让我们先继续进行时间旅行吧。

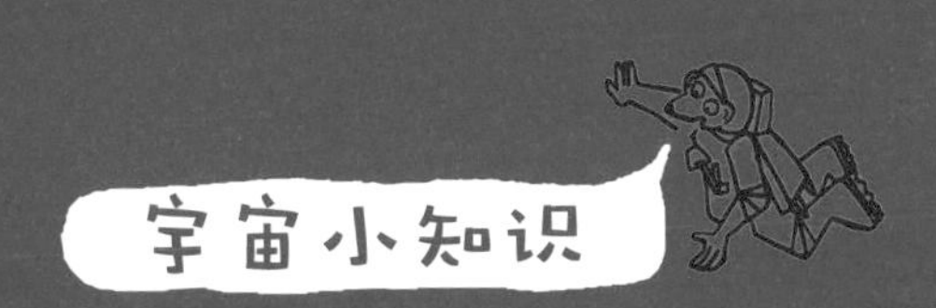

你可能很难想象最小的粒子能有多小。这个方法或许能帮到你：就算用上所有最先进的望远镜，我们目前也只能观测到宇宙的很小的一部分，但是就在这很小的一部分当中，恒星的数量已经超过了地球上所有沙粒加起来的总数。每一颗沙粒里面分子的数量都比宇宙里我们能观测到的恒星的数量还要多。而且不要忘了，分子里绝大部分都是空的。所以你现在也许能稍微想象出电子和夸克究竟会有多小了……

如果你觉得大脑快要爆炸了，可以把你的想法都记下来！

扬·保罗小课堂：

微小物质的世界

电子

中子

质子

轨道

简单的原子

氢

复杂的原子

金

原子里面都有什么

质子-⊕带正电

中子-⊙不带电

电子-⊖带负电

除此之外

原子核

质子和中子还能再分吗？可以呀！

夸克

几十亿

原子里面其实非常非常空。如果你能把氢原子里面的质子放大到和这只老鼠一样大，那么质子（也就是这只老鼠）和电子（也就是那只苍蝇）之间的距离差不多相当于这本书的所有页连起来的距离

就连水晶也是空的

你们冷静点！

快往后退，这里已经进不来了。

电子（也就是那只苍蝇）非常讨厌它每秒要绕着原子核转超级无敌多圈。

原子核

电子也超级无敌小。

它们似乎长着长长的胳膊肘，有一些小洞虽然比它们的体积大了好几倍，但它们还是穿不过去。

7 000 000 000 000 000

很多人分不清中子和中微子

中微子像是一种“半粒子”。

太阳

它们能穿过各种东西。在我们完全感觉不到的情况下，太阳发射的中微子可以直接穿过我们的身体。

地球

包括所有的原子。
电子
质子
— 元素周期表 —
质子比电子
质量大近2000倍
沙漠
还能再干燥一点儿吗？
看！是元素周期表！
H2O 来啦
元素周期表
这是
我最喜欢的
部分。
稀有
气体
镧系元素
锕系元素
我们目前只能观测到宇宙的很小的一部分，但是就在这很小的一部分当中，恒星的数量已经超过了地球上所有沙粒加起来的总数。每一颗沙粒里面分子的数量都比宇宙里我们能观测到的恒星的数量还要多。
扬·保罗疯了，他疯了
HE los+it
而且不要忘了，分子里绝大部分都是空的。所以你现在也许能稍微想象一下原子究竟会有多小了……
扬·保
咱
裁了
呼呼呼呼呼
这也太小了！
现在你应该可以想象一颗恒星为什么能缩小成一座城市的大小了吧？
E=MC2
光子
但是一小勺就要比全世界所有人口全部加起来的体重还要重了。
除了夸克
还有
光子
玻色子
胶子
饺子
夸克

回到134亿年前

我们已经又在这场想象的时间旅行中前进了一大步。现在让时间机器的引擎休息一会儿吧。我们已经抵达下一站了，现在是大约134亿年前。眼前的景象就像多云的天空，到处都能看到一朵一朵雾聚成的云。但是只要雾气散开，视野就非常清晰了，我们还能看到一些恒星。这感觉就像是到了另外一个宇宙，因为这景象跟我们在地球上看到的星空完全不同。那些恒星周围好像都缺了些什么。但是究竟是什么呢？对了！周围没有行星！这里一颗行星都没有。好奇怪呀！现在，请你拿起粒子探测器，对准离我们最近的那几颗恒星以及它们之间的空间。好吧，我觉得更奇怪了。你的探测结果是：这里只有两种原子，氢和氦。没有别的了——没有碳、没有氧、没有铁，什么都没有！正因为如此，我们在这里看不到像火星或者地球一样的行星，因为这里没有能够组成山或者岩石的原材料嘛。所以在此时的宇宙当中，生命是不可能形成的。

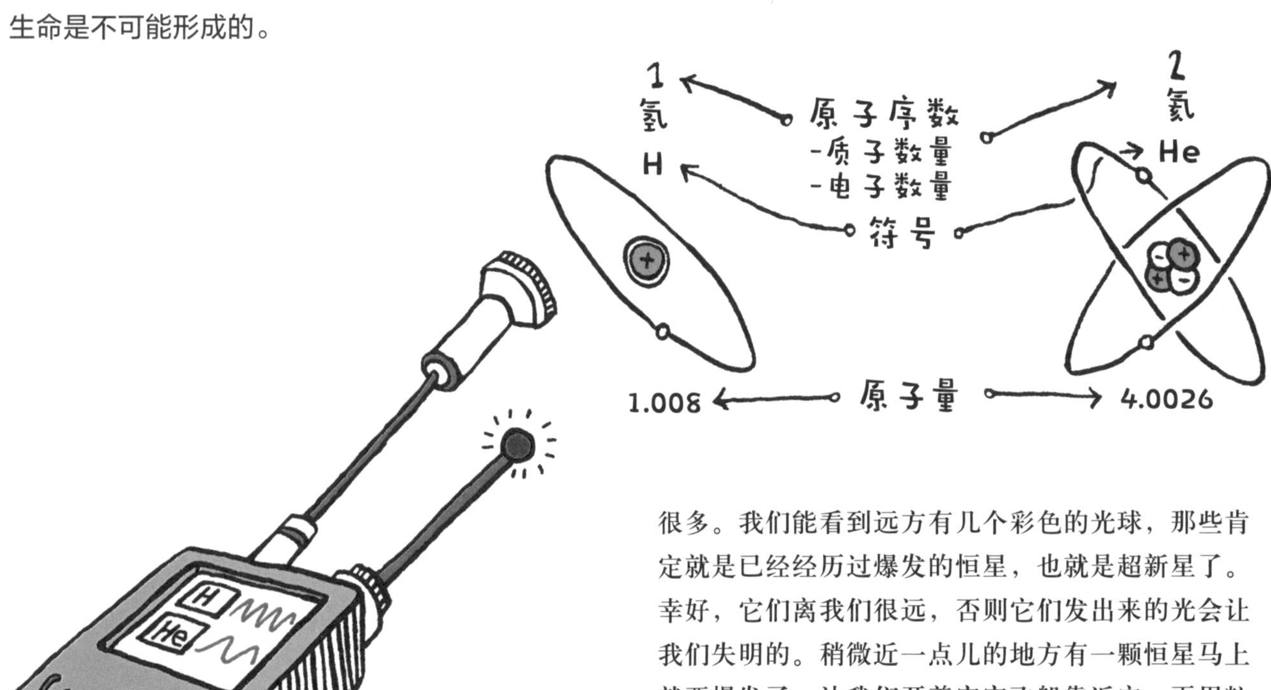

魔法石

我们眼前的宇宙要比现实中的宇宙小很多。不过即便如此，它也比你能想象的最大的空间还要大很多。我们能看到远方有几个彩色的光球，那些肯定就是已经经历过爆发的恒星，也就是超新星了。幸好，它们离我们很远，否则它们发出来的光会让我们失明的。稍微近一点儿的地方有一颗恒星马上就要爆发了。让我们开着宇宙飞船靠近它，再用粒子探测器检查一下。什么？！是我们的探测器坏掉了吗？不对，随身电脑也给出了同样的结果。不会吧？你眼前正在发生一幕奇迹。这应该就是传说中的魔法石吧……

炼金术士们花了上百年的时间寻找这种魔法石。炼金术士是一些自然哲学家，想要用普通的原料制造出金子。魔法石就是这么一种神奇的存在，它还能制造出你想要的一切，也就是传说中的点石成金。就连“哈利·波特”当中也曾经出现过这种神奇的石头。只不过我们都知道它并不存在——或许只是不存在于我们的现实生活中。因为在这里，新的物质正在不断产生。

你是由星尘组成的

这颗恒星的温度太高了，高到原子核都开始聚变了——聚变就是结合在一起的意思——于是拥有更多质子的原子核就出现了，同时也意味着新的物质诞生了。在我们现实中的太阳上，这个过程正在不断发生着。但是一颗超新星能产生更多的新物质。而且这颗恒星内部的温度已经高到连氦都开始聚变了。新的物质诞生之后再继续聚变，产生另外一种新的物质，于是我们就有了锂、铍、硼、碳、氧和铁！这一切都发生在你眼前的这颗恒星上面，只不过整个过程并不是在短短几分钟之内就能结束的，但是这一切都真实发生过。组成了你的所有原子都来自一颗在几十亿年前爆发的超新星，所以说你真的是由星尘组成的，我一点儿都没夸张。你的血是红色的，那是因为里面有铁，铁是从恒星中产生的。不光是你，你周围的一切也都来自超新星。硫、铅、银和金都是这么产生的。

但是被我们看作魔法石的这颗超新星接下来的命运是什么呢？遗留下来的部分会聚在一起，不断地收缩。它们的体积会越来越小，但是质量一直保持不变。可是体积变小质量不变的话，它的体积会变得无法承担它的质量。太重了，实在太重了，重到不能承受了。最终它就会变成一个质量非常非常大，密度也非常非常大，但体积非常非常小的点，任何物质都不能逃离这个小点，甚至连光都不能。于是这颗恒星就变成了一个黑洞。黑洞是太空中一个看不到的空间，它能够“吞掉”靠近它的一切。这也会让黑洞的质量越来越大，甚至能吞噬掉整颗恒星。

滚烫的豌豆汤

在黑洞当中，一切都是不同的。应该说一切都会变得更加奇怪。我们认识的宇宙是有长度、宽度，也有高度的。在我们的宇宙中，时间只有一个方向：向前。长度、宽度和高度构成了三个空间维度，时间就是第四个维度。有些人认为黑洞里也存在着四个维度，但是时间占了其中三个，剩下的一个才是空间维度，所以你只能往前走。你能想象吗？反正我是做不到的。

我们现在其实应该继续前往过去了，但是我们遇到了一个问题。再继续回到过去的话，就要面对黑暗了。那个时候还没有恒星存在，所以也就没有光。如果我们回到宇宙起源后38万年的那个时间，也还是什么都看不到，只不过原因是不同的。因为那时整个宇宙就是一个巨大的不透明火球，就像一碗几千度的、用氢和氦作为主要材料煮出来的豌豆汤。它们那个时候还不能算是原子，因为它们在还没组成原子的时候就会裂开。退回到更早的时间也不会有更好看的风景了。所以我们要暂时中止我们的时间旅行了。请先下船。请记得带好随身物品，不要遗忘在宇宙飞船上。如果你要坐公交车回家，请不要忘记刷卡。

— 第二部分 —

在宇宙中逛一圈

第二部分

除了由恒星和行星组成的星系，我们宇宙中的很多组成部分其实都是看不到的，比如看不到的力和粒子、看不到的光和在我们看不到的地方发生的反应。这些都是非常重要的，因为它们决定了很多事物的发展方向。

如果要了解我们的宇宙是如何诞生的，就先要对宇宙中余下的这些部分有所了解，因为这其中隐藏着很多关于宇宙起源的信息。

火卫二
斯山
来自火星的问候
水星真美妙
月球
地球无限可能
天卫三
我是王星！
土卫六
土卫二
海卫一
土星处处有精彩

太阳
水星
地球
月球
金星
火卫一
火卫二
火星
小行星带

那些大家伙的世界

如果我们不再继续回到过去，又怎么能了解宇宙的起源呢？我们能够看到的最远的过去就是宇宙诞生后的第38万年，然后怎么办？也许我们可以通过认真观察和进行严密的逻辑推理来得到答案。请你观察一下四周，你周围的东西都是怎么来的？木制的桌子肯定是树上砍下来的木头做的。那棵树是之前的树留下来的种子长出来的。你的牛仔裤布料是用棉花做成的。运动鞋的橡胶底来自橡胶树。所以我们只要认真地观察和思考，就能发现事物的来源。那么我们是不是也能用同样的方法找到宇宙的起源呢？

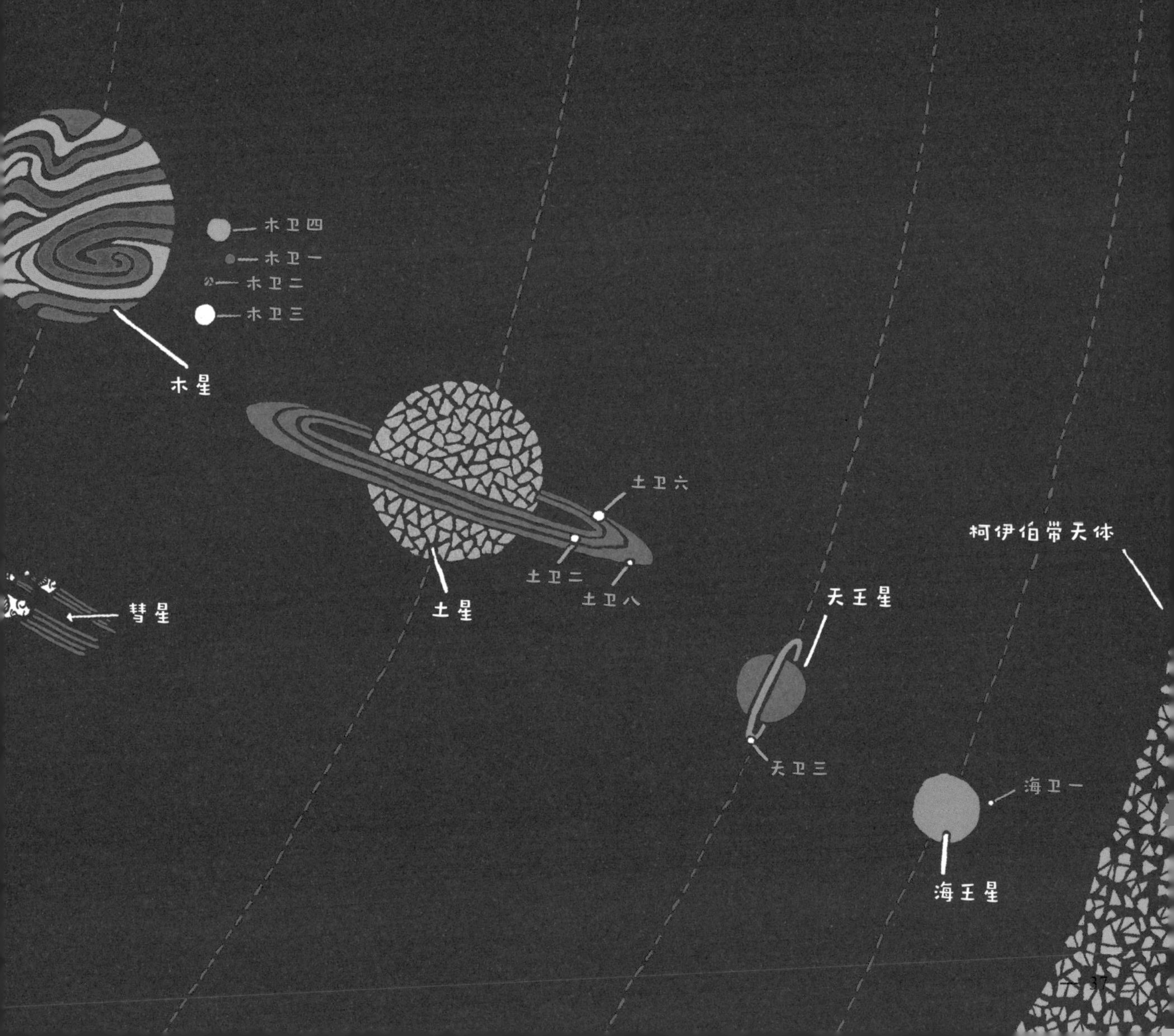

我们在太空中最先遇到的星球就是我们的月亮。月亮是地球的卫星，卫星也就是围绕着行星旋转的星球。我们的地球并不是宇宙中唯一一颗拥有卫星的星球。金星和水星是没有卫星的，但是太阳系中的其他星球都有卫星，而且除地球外还都有不止一个卫星。这些卫星当中最有趣的应该就是木卫二了，你从它的名字就能知道，它是木星的卫星。木卫二上面存在着一点点氧气和液态的水。这些可都是生命存在的基础呢……

既然我们谈到了其他行星，我也就顺便说一下，行星其实一共分成两种，一种是主要由岩石组成的行星，比如火星、水星和我们的地球，另一种是主要由气体组成的行星，比如木星和土星。所以我们是不可能搬到木星和土星这种行星上去住的。毕竟宇宙飞船试图在这些行星上降落的时候，会直接飞过云层，再穿过温度非常高的液体，最后降落在温度更高的行星核心上。但是更可能出现的情况是，飞船在经过那些高温液体的时候，就已经被熔化了。

然后我们来看看太阳。它对地球上的所有生命来说都是非常重要的。没有太阳的话，地球就只是一个没有任何生命的冰冻行星而已。但是和其他恒星比起来，我们的宝贝太阳其实很普通。太阳属于黄矮星。黄矮星就是体积只能算是中等的恒星。虽然也有很多比太阳小得多的恒星，但是比太阳大得多的恒星数量更多。我们目前能够观察到的体积最大的恒星是史蒂文森2-18。太阳的体积和它比起来，差不多就是一颗小沙粒和一颗网球的差距。

宇宙中除了行星，还有矮行星。最有名的矮行星就是冥王星了。很久以来，人们都认为冥王星是一颗行星，但是后来问题就出现了。真正的行星应该具备很强大的引力，能把它周围的所有很重的物体都吸引到它的轨道上。冥王星的质量远远没有达到这个标准。更重要的是，人们在太阳周围还发现了很多和冥王星质量差不多的矮行星。如果我们坚

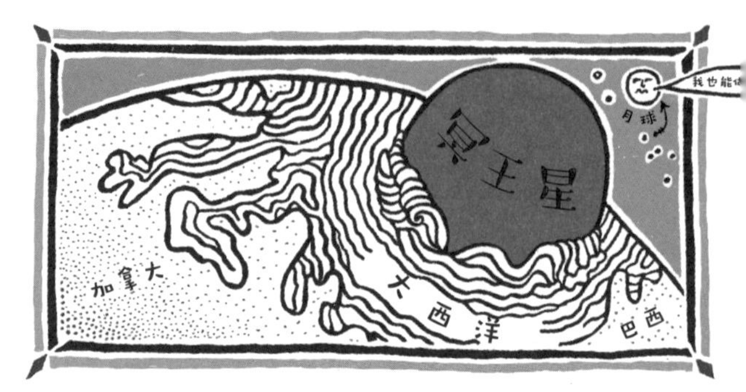

持认为冥王星是一颗行星，那么其他那些小家伙也应该获得行星的“称号”。那科学家的工作量可就太大了，所以冥王星就这样被“降级”了。

我们的太阳系在形成中残留了不少“原材料”。大概有数百万颗小行星绕太阳运行，直径超过40米的近地小行星约为30万颗，大部分小行星比较小。还有一些鹅卵石大小的小碎粒会闯入地球，于是我们就会看到天上有“流星”划过。大部分流星体在落地之前就会在大气中完全烧毁，未被完全烧毁而落到地面的残骸被称为“陨星”，也就是我们常说的“陨石”。

太阳周围还飘浮着巨大的冰球，它们被称作彗星。很多彗星都有一条由尘埃和气体组成的尾巴。这些尾巴就是被太阳蒸发的冰碎片。这些彗星绕着太阳旋转，所以会时不时地转到靠近地球的位置，于是我们在地球上用肉眼就能看到它们。有些人坚持认为这是地球即将毁灭的征兆，但是到目前为止，这种预言从来没有成真过。

现在，我们已经对太阳系中最重要的组成部分有了一些了解。但是这并不是说我们已经掌握了关于太阳系的所有知识。我们只要在太阳系中再前进一些，就能了解更多的知识。恒星也分不同的种类，是按照恒星的生命阶段来划分的。我们之前讲过，超新星爆发产生的尘埃和气体会组合成新的恒星，整个过程要持续几十万年。像我们的太阳这样的恒星燃烧的速度很慢，但最终会像气球一样变成一个巨大的圆球。这个时候，太阳就会变成一颗红巨星。红巨星的体积非常大，大到能吞掉它周围的

太阳 水星 金星 地球 火星 木星 土星

八大行星和太阳真实的相对距离

所有行星。所以在太阳成为红巨星之后，首先被吞掉的就是水星和金星，之后很可能就要轮到地球了。不过你也不用担心，这种事情要到五十亿年之后才会发生。到那个时候，你的孩子的孩子的孩子早就搬到太空移民地上去住了。

在这之后的一段时间里，整颗恒星会经历好几次膨胀和收缩。在这期间，它会把很多物质喷射到太空当中，并且因此失去很多质量。最终，恒星剩余的部分会变成一颗滚烫的白矮星。白矮星也是恒星，大小跟地球差不多，但是温度非常高。白矮星冷却的速度非常慢，而且会在温度降低之后成为一颗黑矮星。整个冷却过程要持续几十亿年。黑矮星的形成过程实在是太漫长了，所以我们其实不确定宇宙中究竟有没有已经形成的黑矮星。

如果一颗恒星的体积非常大，质量也非常大，那么它的寿命就没有我们的太阳这么长。这些恒星的命运和我们在第一部分中讨论过的那颗诞生地球的“母星”是一样的。这种超大超重的恒星最终会爆发，成为超新星。在距离我们640光年的地方，有一颗叫作参宿四的恒星，它位于猎户座。这个星座是以希腊神话中的猎人命名的，因为整个星座看起来很像这位传说中的猎户。猎户座中的参宿四已经走到了它生命的尽头，随时都有可能发生爆发——或者说，它可能已经爆发了，但是爆发产生

的光还没有抵达地球，所以我们并不知道。当爆发的光抵达地球后，我们的天空中会出现一个和满月一样明亮的光球，并且持续好几个星期。当然，几个星期之后，我们的星空就会恢复原样。但是真的能恢复吗？天上的猎人连肩膀都没有了！

超新星产生时，原本恒星最外面的那一层会像一颗巨大的炸弹喷射进太空，剩余的物质会形成一颗中子星。和地球一样，恒星也是会自转的，而且在收缩之后依然会继续自转。你可以回想一下花样滑冰运动员一边转圈一边把自己的身体收缩成一个球的样子，他们是不是会越转越快？同样的事情也会发生在恒星身上，它们的自转速度会变得非常快。

高速转动的中子星还有一个名字——脉冲星。脉冲星不会发光，但是会发出一种非常危险的射线。这种射线来自脉冲星的两极，所以整颗星球看起来就像一个旋转的大光圈。尽管如此，脉冲星也有孕育生命的可能。不过即使这种脉冲星真的存在，那它的样子也会和地球完全不同。首先，它的体积就要比地球大上很多。其次，它还需要一个非常非常厚的大气层来吸收这种致命的射线，然后把它转化成光和热量，让生命的存在成为可能。光是我们的银河系当中就有差不多20万颗脉冲星，所以……

那些体积非常巨大的恒星最终会开始收缩，变得越来越重，最后成为一个黑洞。一般来说，一个黑洞的直径不过几十千米，质量也不会超过几个太阳相加的质量。但是你不要忘记，我们是看不到黑洞的。想要“看到”黑洞就只有一个办法：观察它周围的情况。我们来想象一下，假设太阳是一个黑洞，那么我们就是看不到它的，但是我们可以看到在它周围绕着它旋转的那些行星。寻找黑洞也是一样的，只不过绕着黑洞旋转的不是行星，而是恒星。

超大质量黑洞通常都位于星系的中心，它们的质量甚至相当于几百亿个太阳的质量。它们能够吞掉很多个太阳、无数的气体和尘埃。而且它们的吞

天王星 海王星

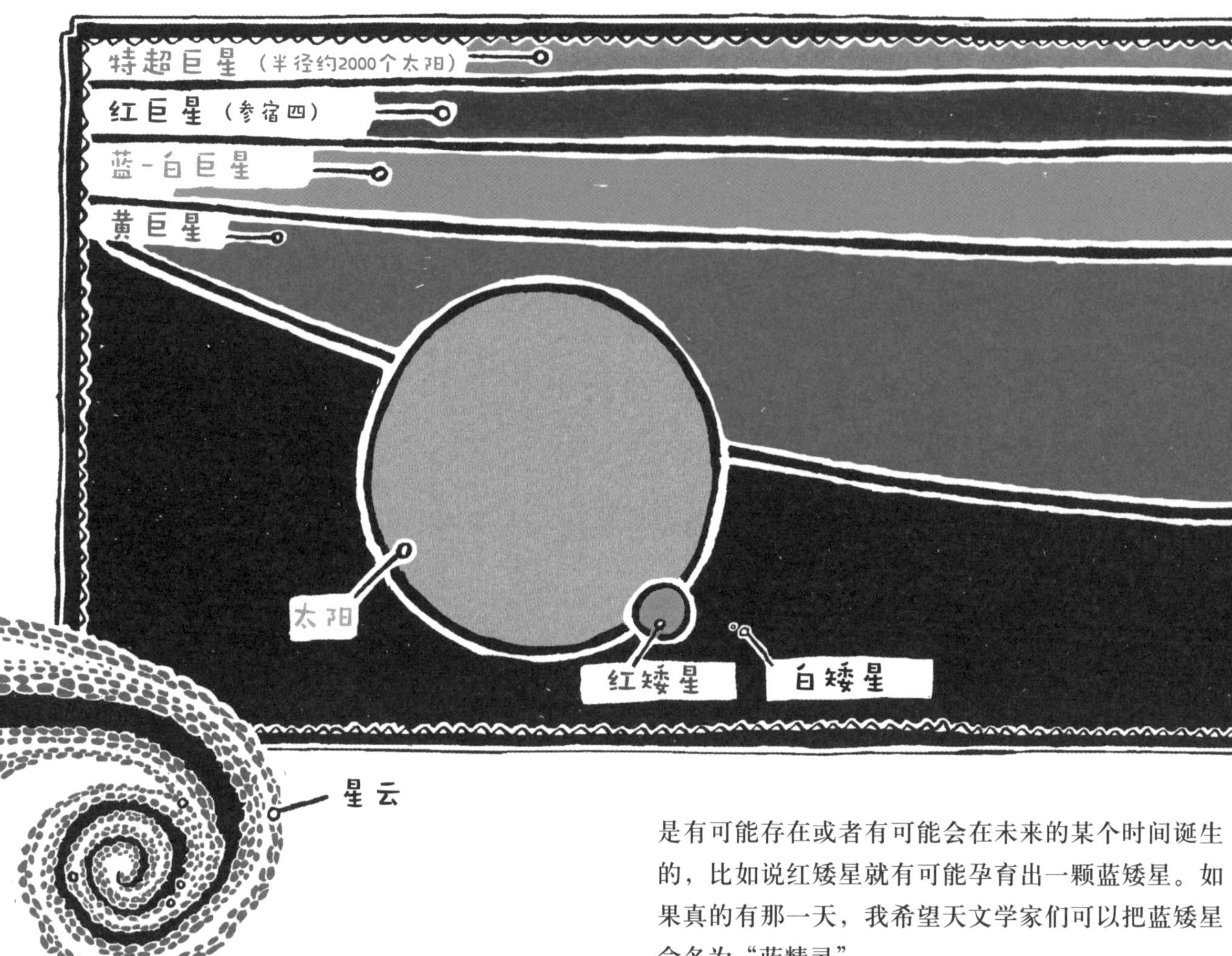

噬速度太快了，很多恒星都是以非常快的速度被黑洞吸引过去的，甚至能够接近光速——光速可是最快的速度了。速度接近光速的天体也会发出非常明亮的光，几乎是宇宙中最亮的。以前的天文学家认为这么强烈的光一定来自离我们不远的地方，但是现在的天文学家已经研究清楚了，这种强光其实来自类星体，也就是一个由恒星组成的、绕着一个巨大黑洞旋转的圈。类星体体积很大，发出的光也非常明亮，但是距离我们非常远，所以“年纪”也都非常大。

此外还有其他种类的恒星，比如红矮星、橙矮星、蓝巨星和超巨星，所以其实我们的银河系就是一片充满了巨人和矮人的魔法森林。除此之外，还有很多我们从来没有观察到的天体，但是它们都是有可能存在或者有可能会在未来的某个时间诞生的，比如说红矮星就有可能孕育出一颗蓝矮星。如果真的有那一天，我希望天文学家们可以把蓝矮星命名为“蓝精灵”。

我们的银河系是一个星系。星系是一个由几亿颗至上万亿颗恒星（当然，恒星的总数还可能更多，但是这么多星星真的很难数完）组成的巨大旋涡，形状跟一颗煎蛋差不多。“煎蛋”的蛋黄是一个巨大的黑洞，周围的所有天体绕着它转动，共同组成一个“圆盘”。通常来说，一束光从银河系的一头到另外一头需要走十二万年。银河系并不是宇宙当中唯一的星系。根据天文学家的推算，整个宇宙中至少存在着两万亿个星系。

你是不是已经有点儿晕了？但是其实我们还没说完。比如宇宙中星系分布的方式。它们是不是随机分散在宇宙的各个角落？还是说星系也有组织？或者说它们是有组织地随机分散在各个角落？最后一种说法差不多是正确的。你可以找一张宇宙的图片看一下，就会发现其中有很多星团。这里一组，

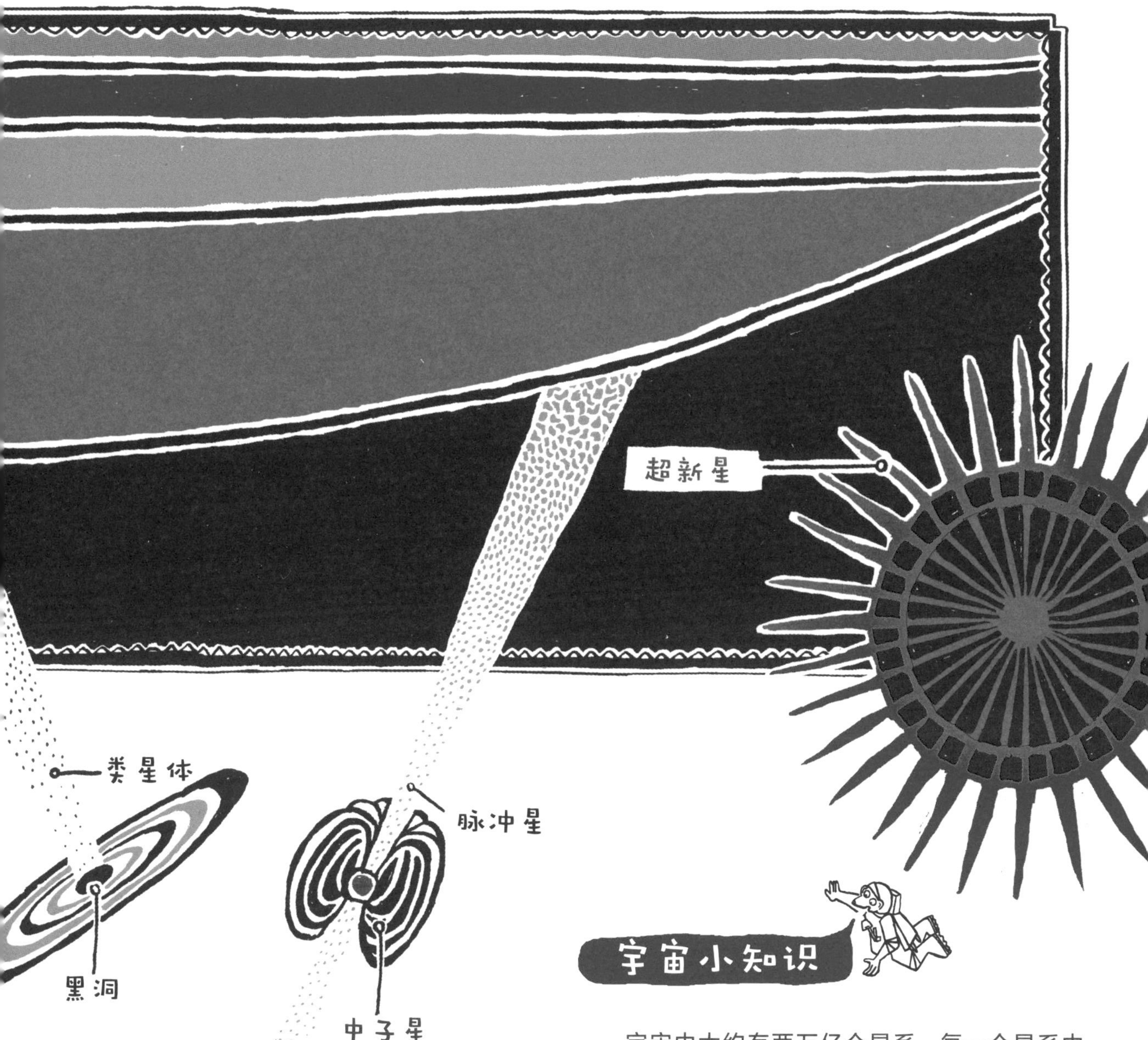

那里一团，远处还有一群，星团之间就只有一片空空荡荡的宇宙。

你还需要知道的是，这些星系其实一直在朝更远的地方运动，彼此之间的距离也越来越大。大部分星系都在远离我们。离银河系越远的星系，远离我们的速度就越快，至少看起来是这样的。那种感觉就好像它们想离我们越远越好。

这就是宇宙的样子。不是很难，对不对？虽然我们还没完全讲完，但是我觉得是时候稍微休息一下了。

宇宙小知识

宇宙中大约有两万亿个星系，每一个星系中又有几亿或者几万亿颗恒星，每颗恒星周围还有超多的行星绕着它们旋转。所以说行星的数量真的像大海里的水滴一样多。在某一颗距离我们很远的行星上，很可能存在着生命，而且那些生命很可能比我们聪明得多。只可惜我们与外星生命相遇的概率非常非常低。如果只靠普通的火箭，我们至少也需要几十亿年才能到达这颗遥远的行星。如果这颗星球上的生命发现了我们，而且也愿意给我们发个信息，那么这条信息至少也需要几个世纪的时间才能到达地球。

两个星系，一次碰撞

为什么所有的星系都在离我们远去？是因为我们做错了什么吗？难道说我们的银河系味道很臭吗？怎么说呢，我们的银河系里肯定存在一些味道不是很好的地方，但是这并不是那些星系正在离我们远去的原因。而且也并不是所有星系都在离我们远去，有一些星系其实是在逐渐靠近我们星系的。仙女星系就是这样一个星系，它甚至有可能会撞上我们的星系。这听起来还挺严重的，毕竟这两个星系各自都有好几千亿颗恒星，要是撞上可不是什么小事。但实际情况其实没这么糟糕。毕竟星系内部是非常空旷的，每两颗恒星之间都有非常大的距离。这么说来，其实在两个星系发生碰撞的时候，恒星不会相撞的概率还要更大一些。不过所有恒星和行星的轨道都很可能因此发生改变，改变的过程也会持续几十亿年。话又说回来，到那个时候，太阳和地球早就毁灭了……

我们刚才说到哪里了？哦，对了，很多星系都在远离我们，至少看起来是这样的。我之所以要强调“看起来”，是因为实际情况并不是这样的。实际上，所有的天体都在彼此远离。那些星系不光在远离我们，也在远离彼此。如果你恰好住在涡状星系或者草帽星系里面，就会发现其他星系也在飞速地飞向更远的地方。这和我们在银河系里看到的景象是一样的。我们的宇宙正在不断变大，所以星系之间的距离也就越来越大了。

像蓝莓蛋糕一样的宇宙

你可以把我们的宇宙想象成烤箱里的蓝莓蛋糕，蛋糕在不断地长高长大，夹心里面的蓝莓之间的距离也越来越远，但是蓝莓本身并不会跟着蛋糕一起长大。太阳和地球也不会。总的来说，其实整个银河系的大小也是基本没有变化的。所以不断增长的只是那些“蓝莓”之间的距离。假设你是其中一颗蓝莓，在你看来，离你最远的那颗蓝莓后退的速度会更快，这是因为蛋糕变大了。有些星系的移动速度甚至可以超过光速。尽管我们现在还能看到这些星系，但是它们很快就会消失不见的。其实宇宙中的很多星系我们都还没有见过，而且以后也不会见到了。

但是……我其实也说过，光速是最快的速度了……这样的话……好像……那为什么这些星系远

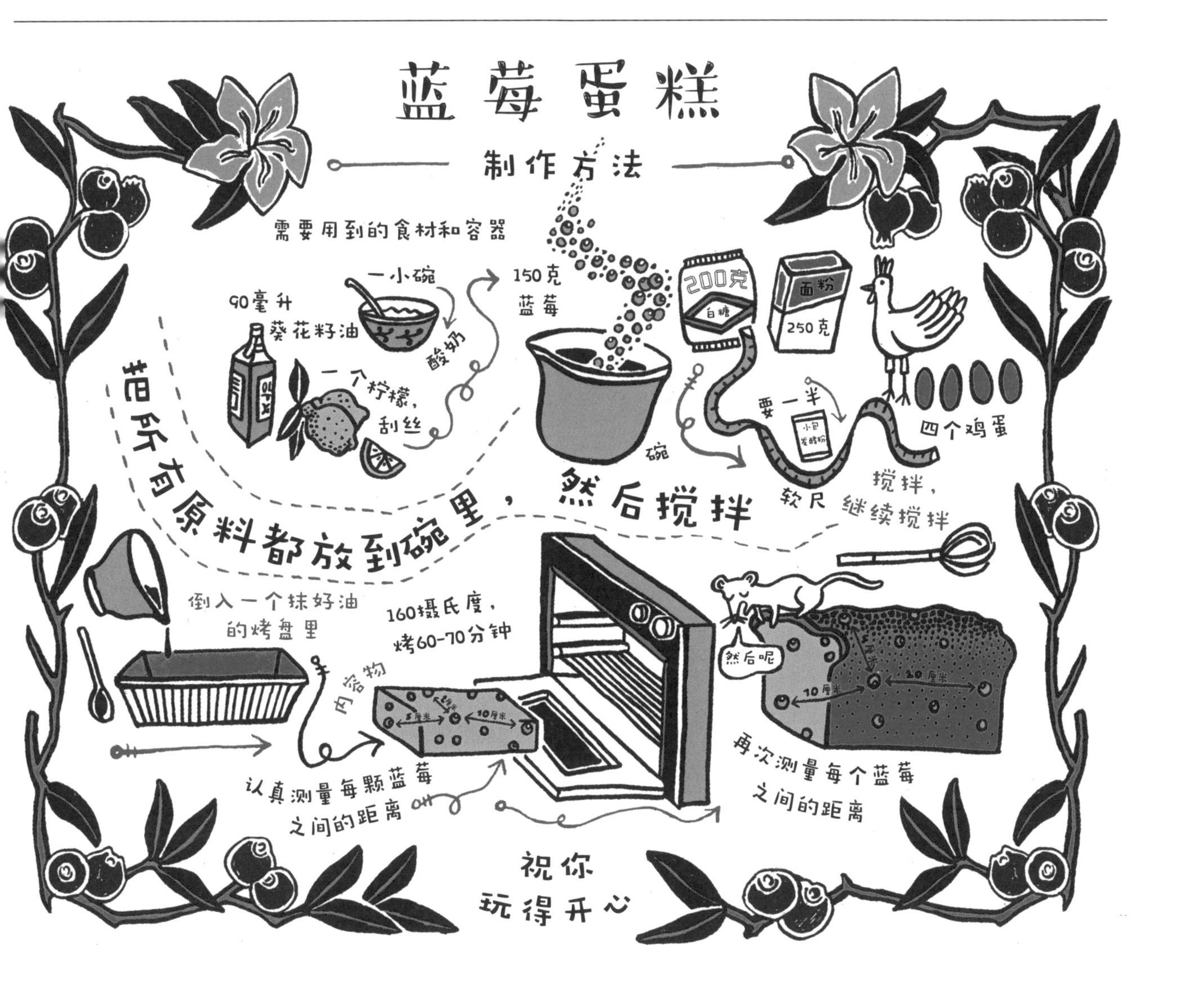
蓝莓蛋糕
制作方法
需要用到的食材和容器
一小碗
酸奶
90毫升
葵花籽油
一个柠檬，
刮丝
150克
蓝莓
200克
白糖
面粉
250克
碗
要一半
软尺
四个鸡蛋
把所有原料都放到碗里，然后搅拌
搅拌，
继续搅拌
倒入一个抹好油
的烤盘里
160摄氏度，
烤60-70分钟
内容物
5厘米
10厘米
认真测量每颗蓝莓
之间的距离
然后呢
10厘米
20厘米
再次测量每个蓝莓
之间的距离
祝你
玩得开心

离我们的速度可以超过光速呢？好吧，我承认，这听起来是不太对，但是这么说其实也没错。因为所有星系在太空中的运动速度都没有超过光速。

我们不可能比光速更快，那些遥远的星系也不可能。但是整个宇宙在变大，所以就像被一只看不见的手推着一样，星系正在远离彼此，宇宙也因此变得超级无敌大。宇宙中两个点之间距离变大的速度会超过光的速度，但是其中任何一个点移动的速度本身都没有超过光速。

5+5>10

想象一下，你正在走在一条非常宽大的橡皮筋上，你一边走，它一边被拉长。你和你的小伙伴同时出发，你每小时往前走5千米，你的小伙伴每小时往相反的方向走5千米。但是这条橡皮筋也会被拉长，所以在一个小时以后，你和你的小伙伴之间的距离要超过10千米。而且你们之间的距离越远，这条橡皮筋能发挥的作用就越大。

如果你觉得这个例子并不有趣，或者不能完全理解它的意思，没关系，因为它并不是很重要。你只需要记住一点，宇宙当中所有东西的绝对速度都不可能超过光速。这一点是非常非常重要的。它之后就会派上用场。

6 000 000 000 000 000 000 000 000 千克的地球

好了，你还记得上次的太空之旅我们都讲了些什么吗？知识点还挺多的对不对？我们现在知道了，宇宙当中的天体很喜欢转圈。月亮绕着地球转，地球绕着太阳转，太阳再绕着银河系的中心点转，然后这个中心点自己也会转。而且我们还知道了星系和恒星都不喜欢自己待着，它们经常会组成小分队一起行动。只不过小分队里面的每个成员之间都隔着好几十亿千米。大部分行星也都喜欢在恒星的周围活动。天体的质量越大，它吸引的东西就越多。黑洞和巨大的恒星都有非常强大的吸引力。所以我们可以肯定的是，宇宙当中肯定存在一种力量，可以把天体聚集在一起，让它们开始旋转。这种力量有个名字，而且你应该听说过它的名字，它叫作“引力”。

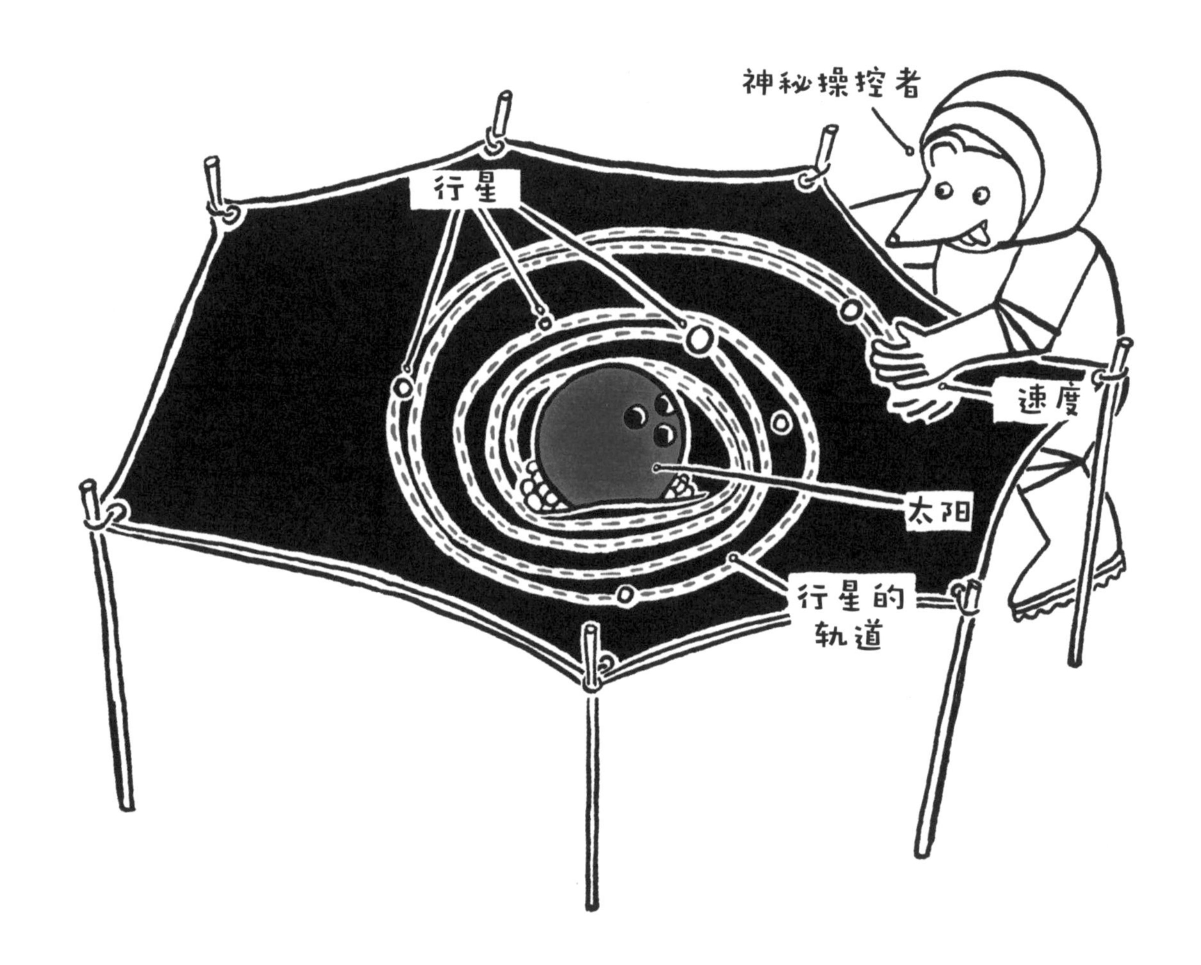

你永远不需要担心自己会飘到地球外边去

如果你喜欢踢足球，那么你肯定早就注意到了，不管你把球踢得多高，它都一定会落回地面。这就是引力的作用。引力一直在拉着这颗足球，所以它在空中的速度会越来越慢，最后在空中停下来，然后掉到地上。很有道理对不对？如果地球上的引力消失了会怎么样？那你只需要跳起来就能离开地球，然后直接进入太空。如果当时你刚好不是很想去上学，那么你肯定会很高兴。但是接下来的事情就有一点儿麻烦了。因为你离地面越远，能呼吸到的氧气就越少。更何况在距离地面10千米以外的高空，温度就会降到零下60摄氏度。所以我们必须要承认：引力是我们的好伙伴。

很多人会把引力想象成磁铁的吸引力，因为它和引力一样，都是看不见的。但是其实这两种看不见的吸引力区别可大了。首先，磁铁的吸引力要比引力强很多。你可以去找一块小磁铁和一颗铁钉，然后把小磁铁悬空放在铁钉的上面。虽然这块磁铁小小的，重量也不过几克，但是它能吸起这颗铁钉。这可比6亿亿亿千克（也就是6后面有24个0）的地球的引力强多了！而且一块磁铁既可以吸引另一块磁铁，也可以把别的磁铁推开。我们的引力却只有一个功能：把别的东西吸引到离自己更近的地方。不过引力有个特别的地方。我们刚才说到足球在空中会受到引力的吸引，但其实足球也会吸引地球。每一个有重量的物体都会对其他有重量的物体产生影响，所以所有拥有引力的东西都会互相靠近。

用地球打保龄球

我们还可以用另外一个例子来理解引力。假设我们在几根柱子之间挂上一块布，布的每个角都紧紧绑在柱子上，然后我们在布的正中间放上一颗保龄球。之后，我们往布上扔出一颗弹珠。我们接下来就会看到这颗弹珠朝着保龄球的方向滚过去。引力的作用也是同样的道理。弹珠在布上滚动，但是保龄球会让这块布发生弯曲，所以你也可以把引力想象成能够让空间弯曲的力量。在布上滚动的弹珠最终会停下来，这是因为它会和布的表面还有空气

产生摩擦，但是如果这颗保龄球和那颗弹珠都是飘浮在太空中的，那么它们就不会和空气或者布的表面产生摩擦，弹珠的速度也就不会变慢，最终弹珠会开心地绕着保龄球转圈。它被扔进太空的速度越快，绕着保龄球转的圈的直径就越大；被扔进的速度越慢，它靠近保龄球的可能性就越大。

在我们的银河系当中，绝大多数的恒星都在绕着中心点朝同一个方向转动。这并不是巧合。你可以想象一下，如果宇宙当中有一个很大很重的球，然后你分别朝着它的左右两边扔弹珠，接下来会发生什么？这些弹珠肯定会撞在一起。如果你闭着眼随便扔出一些弹珠，那么很可能出现的情况是，大球一边的弹珠比另一边的弹珠多。而且弹珠撞在一起的时候，它们的运动方向就会发生改变。我们先假设大部分弹珠是朝左边转圈的。那些向右转圈的弹珠肯定会跑到向左转圈的弹珠的轨道上去。即使它们不会撞在一起，引力也会改变那些反方向转圈的弹珠的方向。最终的结果就是每颗弹珠都会朝左边转圈。同样的事情在银河系里也会发生，少数服从多数。偶尔也会出现一颗一定要朝相反方向转圈的恒星。这种叛逆的小朋友最终会脱离原本的星系，然后朝着另外一个星系飞去。

占比超过25%的神秘物质

星系看起来就像是煎饼状的扁平圆盘。如果你还不清楚它们为什么会是扁平的，可以再读一遍第一部分。我们当时讨论过，旋转秋千转得越快，秋千的绳子就会越远离转盘的中心、越容易和地面平行。同样，恒星越靠近星系的中心，旋转的圈子就越小。靠近星系边缘的恒星转的圈会非常大。这也很合理，毕竟它们本来就在星系的边缘，要走上好久才能回到起点。你可能会想，这下我记住了，我们赶紧开始下一章吧。不过你不要心急，宇宙里面还有怪事发生呢。

这简直就是奇迹!

想象一下，你正开心地坐在旋转秋千上转圈圈。突然，有个捣蛋鬼爬到了你的秋千绳上，一口把它咬断了。接下来会发生什么？你会嗖的一声飞出去，然后在很远的地方啪的一声摔在地上。听着就很疼对不对？但是如果你刚好在太空里很开心地坐着旋转秋千，那么这一切就都不会发生了。因为就算有个讨厌鬼剪断了你的绳子，你也能继续开开心心地转圈圈。这听起来非常不可思议对不对？但这在宇宙中真的会发生。按理说，那些在星系边缘转动的恒星速度实在太快了，它们早就应该直接飞出星系了。因为按照天文学家的计算，这些星系中心的引力其实是不够让那些处在边缘的恒星继续围绕中心旋转的。天文学家们真的非常认真地计算过了，但是他们始终得不到正确的答案。所以就只剩下一种可能了：这些星系的引力比我们想象的更强，比所有恒星和行星的质量加在一起还要强大。但是这怎么可能呢？

大脑中看不到摸不着的神秘物质

本应该脱离轨道的恒星仍然在绕着星系的中心转动，对于这种现象，最合理的一种解释是，宇宙中肯定存在其他一些会产生这种额外引力的东西。我们看不到这种神秘物质，也摸不到它，但是它无处不在。它存在于银河系当中，没准也会出现在你家门口的街上，在你的家里、你的卧室里，甚至你的大脑里！太可怕了！还有更可怕的呢，这种神秘物质可不止一点点，而是可多可多了。按照科学家的推算，这种看不到摸不着的物质可比我们熟知的那些物质还要多！究竟有多少呢？科学家认为，宇宙的四分之一可能都是由这种神秘物质构成的，也就是普通物质的五倍那么多。那宇宙剩下的部分又

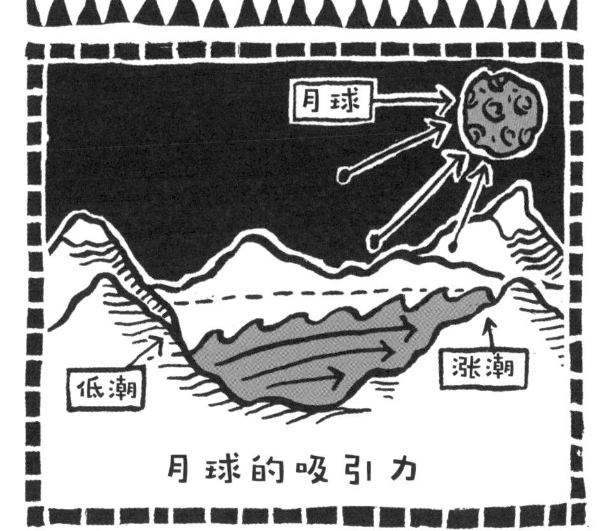

是由什么东西组成的呢？那些东西就更奇怪了，不过我们要等一下才讲。

暗物质其实一点儿都不黑

你可以给这种神秘物质起很多名字：半透明物质、玻璃状物质、不可见物质、魔术师物质、“可能超级无敌小”物质、“我怎么知道这是什么”物质等等。不过天文学家都叫它“暗物质”。这个名字其实不是很合适，因为如果物质是暗的，那它会把光线挡住，这样我们就可以发现它的存在了。所以暗物质其实不是“暗的物质”，那它是由什么组成的呢？没有人知道答案。它可能是由和中微子差不多的粒子组成的，它们的体积非常小，又不会四处乱跑。有些天文学家甚至坚持认为暗物质其实是不存在的。但是我们解释不了为什么星系边缘的恒星还能继续绕着中心转动，除此之外，宇宙中还有很多证据可以证明这种神秘……哦不对，是暗物质的存在。

我们为什么要相信天文学家说的话呢？他们说的就一定是对的吗？简单来说，天文学家们真的非常非常厉害。举个例子来说，2014年12月12号，欧洲航天局的工作人员成功地让一台着陆器降落在了一颗彗星上。着陆器叫作“菲莱”，在太空中飞行了64亿千米，花了十年多的时间才抵达目的地。更重要的是，它在飞行了十年多之后，还是完美地降落在了天文学家们为它规定的地点：木星族彗星67P。这颗彗星的直径只有大约4千米，在太空中的运动速度却是每小时135000千米。

反正我觉得，如果有人能让一台探测器在一个距离我们好几十亿千米、直径只有4千米、速度达到每小时135000千米的小彗星上降落，那么他说的话肯定是很专业很有道理的，是我们可以信任的。

四种几乎可以支配宇宙的力量

我们还没有找到能够观察到暗物质或者测量它的办法，这是因为它和其他粒子都不一样，也不会按照其他粒子移动的方式移动。它们只和引力有关，完全不会搭理其他力量，比如磁铁就对暗物质没有任何作用。你可能觉得这并没有什么可惊讶的，但其实磁力是最喜欢影响别的东西的一种力量了。准确地说，应该是电磁力，这才是它的学名，所以它是一种和磁还有电都有关的力。磁和电的关系可亲近了，我们来做个实验证明一下。

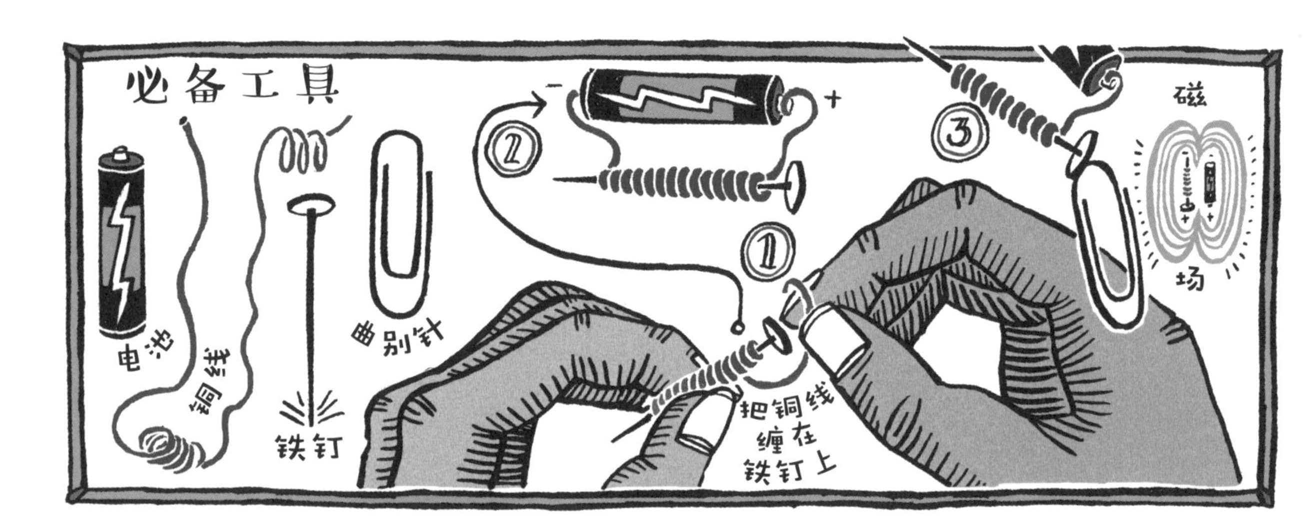

如何把一根铁钉变成磁铁

把铜线均匀地缠绕在铁钉上，一定要让铁钉的头部和尖端都额外留出一段线。然后把铜线的一头接在大电池的负极，把另外一头接在正极上。现在，你的铁钉已经变成一块磁铁了，你可以用金属做的曲别针来测试一下。这么做的原理是电流可以产生磁力，反过来也一样，磁力可以产生电流。如果你的自行车上刚好装了一个自发电车灯，那你应该已经有所体会了。这种自发电车灯里面有一块磁铁，自行车车轮转动的时候，磁铁也开始转动，产生电流，所以你的车灯也会亮起来。

我们身边充满着电磁力，它对原子来说至关重要。原子和电池一样，也有一个正极和一个负极。电子带负电，质子正好相反，带着正电，所以它们会相互吸引。但是两个带有相同性质的电的粒子就不会互相吸引：电子不喜欢其他电子，质子也不喜欢其他质子。但是你肯定已经想到了，很多原子核里都有不止一个质子。它们能和平相处，靠的是另外一种力，叫作强核力。它能够让原子核里面的东西都乖乖听话。除了引力、电磁力和强核力，还有一种力非常重要，叫作弱核力。不过我不打算多介绍它，因为电磁力比它有趣多了。

碎纸片做的炸弹

粒子之间的电磁力既可以保证坐在椅子上的你不会突然穿过椅子摔在地上，也可以保证椅子不会突然陷进地里，你脚下的地面也不会突然裂开把你吞下去。它可以让坚固的东西继续保持坚固，让它们没有自己乱跑的机会。电磁力需要很强大才能做到，它也真的很强大。有多强大呢？你还记得引力吧？电子和质子互相吸引的作用力相当于——不要被吓到哦——引力的一百万的一百万的一百万的一百万的一百万的一千万倍。所以你可以猜一猜，这两种力在一起掰手腕的话，谁会赢？

让我们一起在想象中做一个实验，看看电磁力究竟能有多强。假设我们手里有一张纸，大概2厘米长、1.5厘米宽，上面写着：**轰隆！** 然后我们再假设这张小纸片里面的电子和质子突然闹翻了，它们不想再待在一起了，决定散伙。那么我们眼前的这张纸片会马上爆炸。这场爆炸的威力有多大呢？像一块岩石那么大？不对。像一颗真正的炸弹那么大？大多了。原子弹？再大。一千颗原子弹？不对，还要更大。嗯，像《星球大战》里的能摧毁其他星球的超级武器"死星"一样？答对了！这张小小的纸片如果真的爆炸了，它产生的能量可以毁掉整个地球！

气球做的吸尘器

等一下，不对呀。如果电磁力无处不在，那么我们身边的所有东西应该都有磁性，不是吗？答案很简单：每个原子里面的电子数量和质子数量是一样的，它们的电量互相抵消了，所以保持着平衡的状态。只有当一个地方的电子数量比另外一个地方多的时候，电流才会出现。这时就会产生电压，因为电子会从一个比较"拥挤"的地方跑到另一个比较"安静"的地方。有了电流，我们就可以用电灯照亮房间、用吸尘器清理地板或者打开电视看《我爱我家》。用气球摩擦毛衣也可以制造电流，因为在摩擦的过程中，电子会从毛衣跑到气球上。气球在储存了很多电子之后，就会开始吸起地上的小纸片或者你的头发。

引力、电磁力、强核力和弱核力就是四种可以决定宇宙运行规律的力量。所有物质——不管是普通的物质还是暗物质或者其他物质——都要听它们的指挥。好吧，也是时候该讲讲除了普通物质和暗物质之外的其他物质了，毕竟它们不仅能够组成70%的宇宙，而且还非常非常难以理解。即使我们有一天能听懂用阿塞拜疆语倒着唱的摇滚乐队的歌，也很难理解这些物质。因为它们其实并不是物质，而是一种力……

宇宙的三种可能的结局

我马上就会向你介绍这种神秘的新力量。不过在此之前，我们需要再多了解一些关于引力的事情。我们都已经完全习惯了引力的存在。你朝上方扔出一个小球，它会在空中减速、停下来，最后回到你的手里。这是再正常不过的事情。对着天开一枪的话，结果也一样。这也很正常。绝大多数情况下，引力的存在对我们来说都是有好处的，但只是“绝大多数”，因为引力对航天员来说可是个大麻烦。首先，宇宙飞船如果想要离开地球，就需要非常快的速度，于是飞船就需要非常多的燃料前往太空。但是燃料越多，飞船就越重，所以飞船还需要有一个非常大、非常有力量的发动机才行。否则，火箭的命运和我们扔出去的小球不会有任何区别，但是火箭掉到地上可不是什么好玩儿的事情。

为了把火箭送到太空深处，航天局的专家们想出了一个绝妙的注意，他们决定利用引力。不过不是利用地球的引力，而是利用其他天体的引力，比方说月球的引力。先将火箭对准月球的方向，这样它就会被月球吸引。等它靠近月球的时候，太阳的引力就会帮它再次加速，然后它会被木星吸引住，以此类推。火箭可以用这种方式在太空中逐渐摇摆着飞往目的地。不过要想做到这一点，就要保证这些天体都刚好在它们应该在的位置。好消息是这一点是可以计算的。所以如果你数学学得很好，那么你就可以在脑海里规划一下怎么把你手里的这个小球扔到木星上去。前提是这个小球足够坚固，而且你的胳膊足够有力。

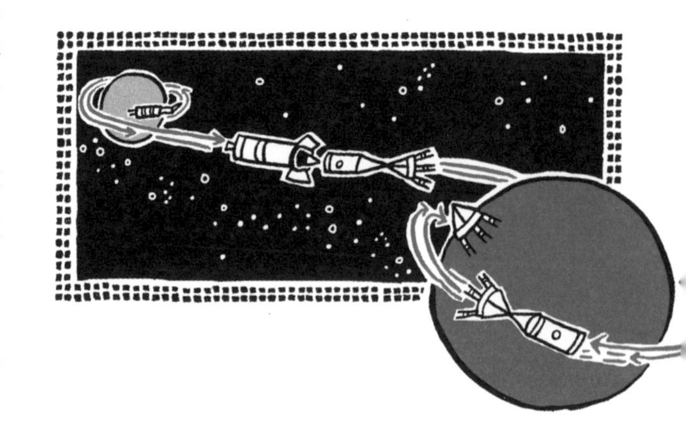

我们的宇宙最后会比现在大还是比现在小？

好了，现在你已经掌握了很多知识，让我们一起试着了解那种新的神秘力量吧！宇宙当中的星系也会受到引力的影响，这一点和地球上的小球并没有任何区别，所以如果它们被扔出去，也会经历减速、停下、回到原地的过程。按照这个说法，既然现在的星系都在远离彼此，那么它们在未来的某一天也会在引力的作用下开始减速，和小球一样。但是如果你仔细想想就会发现，这其实会带来三种不同的可能性。

第一种可能性是最简单的

如果我们朝着天空的方向踢出一个足球，不管它飞出去多远，都一定会落回地面。引力总会占据上风，这很可能也会发生在星系身上。宇宙会在未来的某个时间开始缩小，然后星系就会越靠越近。不过这种情况也有一个坏处，到最后，星系很可能会撞在一起。

第二种可能性听起来会好一点儿

下面我们有请超人先生帮我们开球。超人的力气很大，所以这颗球成功脱离了地球。但是它在太空中的速度会越来越慢，最后几乎会处于完全静止的状态。对于地球上的我们来说，它看起来就像一颗飘在地球周围的人造卫星。同样的事情也可能发生在星系身上。所以它们会继续远离彼此，但是速度会越来越慢，直到几乎完全停下来。到那个时候，宇宙的大小也就基本保持不变了。

第三种情况可不太乐观

好的，让我们再次请出超人先生。这次，他会用全力帮我们开球，于是这颗球完全摆脱了引力，我们再也没机会见到它了。它也会减速，但是会一直越飞越远。如果星系也保持一样的运动方式，永远不会受到引力的影响，那么就算它们运动的速度会逐渐减慢，也会继续远离我们，所以宇宙也会越来越大。

那实际情况究竟属于以上三种当中的哪一种呢？我们的宇宙会朝着哪个方向发展呢？天文学家们进行了非常细致的研究，而且也找到了答案。我们的宇宙的未来就是——

……麻烦来一段鼓点……

……气氛紧张……

……所有人都屏住呼吸……

……气氛越来越紧张……

……喂，你倒是快点说呀……

答案揭晓：哪种都不是！什么？怎么可能嘛！事情是这样的。一开始，宇宙扩张的速度会变慢，这跟第一种可能性是一样的，到这一步都不会有意外发生，引力逐渐开始发挥作用。但是当宇宙渐渐变得空旷时，扩张会突然开始再次加速！然后从那一刻起，星系远离我们的速度就会越来越快。没有人能预料到这件事，而且这也不合理，对吧？那就只有一种可能性了，宇宙中还存在着另外一种新的神秘力量，它才是星系再次开始加速的原因。

95%的宇宙都是巨大的谜团

从逻辑上讲，星系越来越快地远离彼此应该是不可能发生的。如果我们朝天空的方向踢出一个足球，它先减速，然后又突然加速飞向天空，这是不可能的。除非这个足球里面藏着一个小马达，或者有一只看不见的手把它推向了天空。但是星系真的可以先减速再加速，所以要么它们有自己的发动机，要么就是神秘力量在发挥作用。你听说过自带发动机的星系吗？没有吧。其实我也没有。所以只可能是神秘力量的作用了，是它在操纵着这些星系逐渐远离彼此，而且它们的作用还不小呢。根据科学家的计算，大约70%的宇宙都是由这种神秘力量组成的。

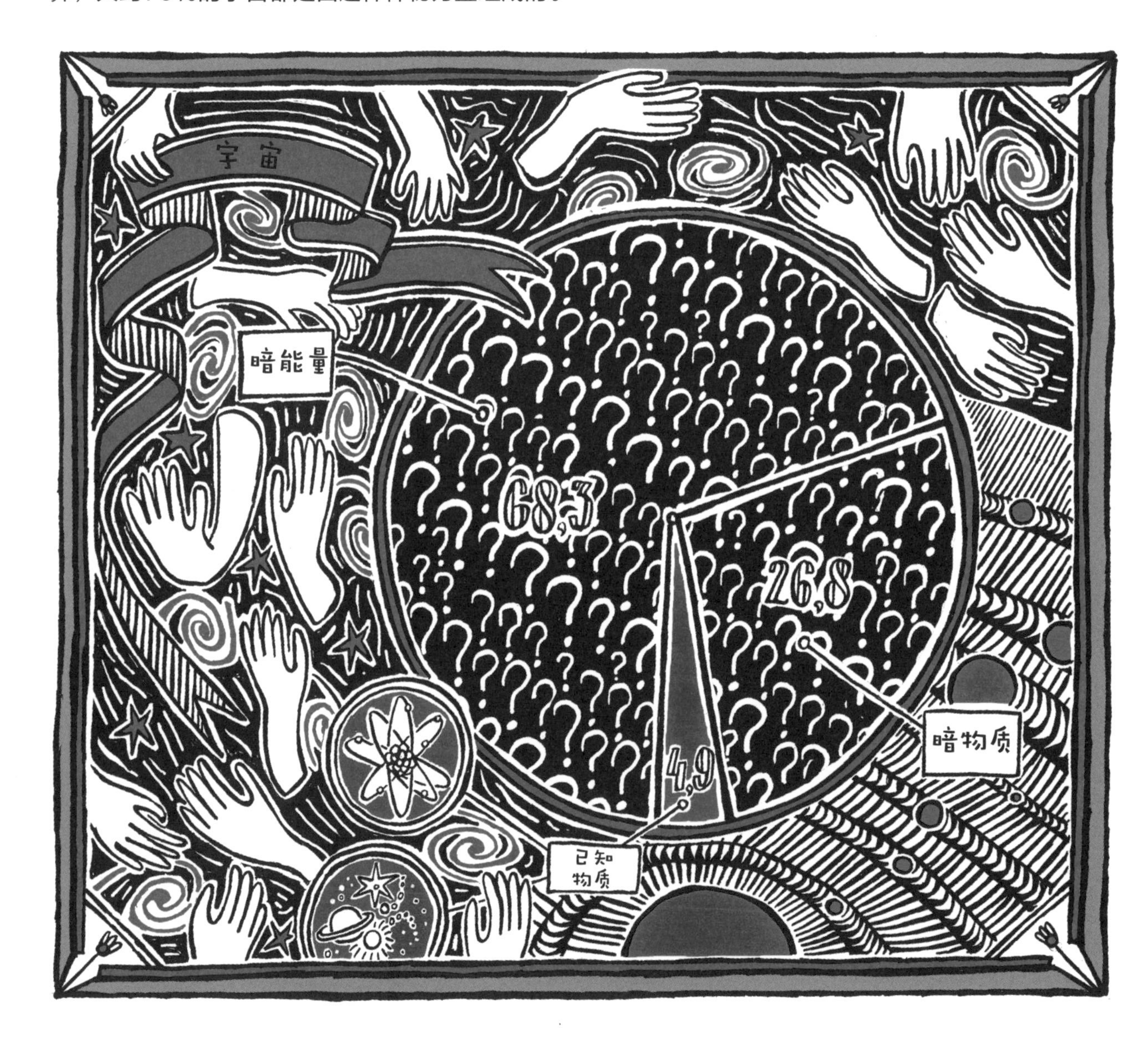

暗黑蓝莓蛋糕

天文学家肯定很喜欢“暗”这个词，因为他们把这种无法解释的力量称为“暗能量”。更重要的是，和暗物质一样，这种暗能量也并不黑暗，因为我们根本就看不到它。而且它们的功能也不一样。暗物质可以让天体待在一起，但是暗能量会把所有东西都推开。目前看来，暗能量在这场无声的较量中正在占据上风。你并不会因此一下子长高，地球或者其他星系也不会突然变大，因为变大的只是星系之间的空间，于是整个宇宙也变大了。你可以回想一下之前我们讨论过的蓝莓蛋糕，蓝莓本身并不会变大，变大的只是蛋糕本身。

暗能量到底是什么东西？它是由什么组成的？它是从哪里冒出来的？没有人知道答案。关于普通的能量，我们已经有了很多了解。我们加热食物要用到能量，用电灯照明需要能量，汽车开动也需要能量。我们可以使用的能量包括电能、太阳能或者燃料，但是暗能量似乎只具备让事物开始运动的能力。除此之外，我们对暗能量一无所知。好吧，我们刚开始觉得自己掌握了一些关于宇宙的知识，结果却发现宇宙当中有95%都是我们无法解释的能量和物质。

不过我们也非常幸运

我们也不能忘记，我们是非常幸运的。我们能看几十亿年以前的光，而在遥远的未来，天文学家除了自己所在的星系就什么都看不到了。他们可能会认为宇宙中就只有这一个星系存在。等到他们的后代长大，夜晚的天空中可能就连星星都没有了。他们也许只能看到漆黑一片的夜空。他们不会知道宇宙是怎么诞生的——不过也许这本书能帮到他们。（请你一定把它保存好！）也许我们所在的时代就是研究宇宙的最佳时机：我们既能了解遥远的过去，也能对宇宙当中正在发生的事情进行详细研究。又或者说，那些能给我们提供答案的、非常重要的东西，其实已经从我们的视野当中消失了，所以我们再也不可能为这些问题找到一个合理的解释……

未来的宇宙会变得黑暗而且空虚，这听起来真的很糟糕。等你读完这本书，就会知道它为什么会变成这样。但是这个话题实在有点儿太阴沉了，我有个建议，我们来讨论一些光明点的话题吧，我来给你讲讲光怎么样？

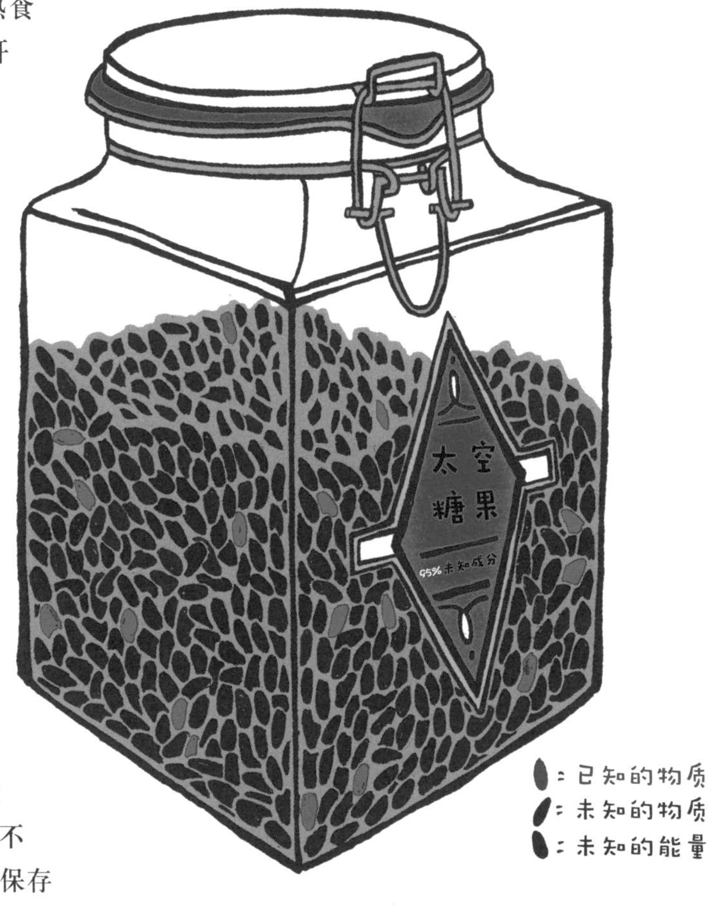

一个愚蠢的问题和一个聪明的问题

人们常说："没有愚蠢的问题，只有愚蠢的回答。"但是这句话基本和没说一样。这个世界上当然有愚蠢的问题了。我来给你举个例子："如果我给一副骷髅做人工呼吸，能不能把它救活？"这个问题蠢不蠢？很蠢。但是我们需要知道的是，有些问题只是听起来很蠢，但本身并不愚蠢。我再来举个例子："什么是光？"我们都知道光是什么，至少知道个大概，但是其实我们谁都不知道光到底是什么。光是从哪里来的？它是怎么出现的？它是由什么组成的？话又说回来，光到底是什么？

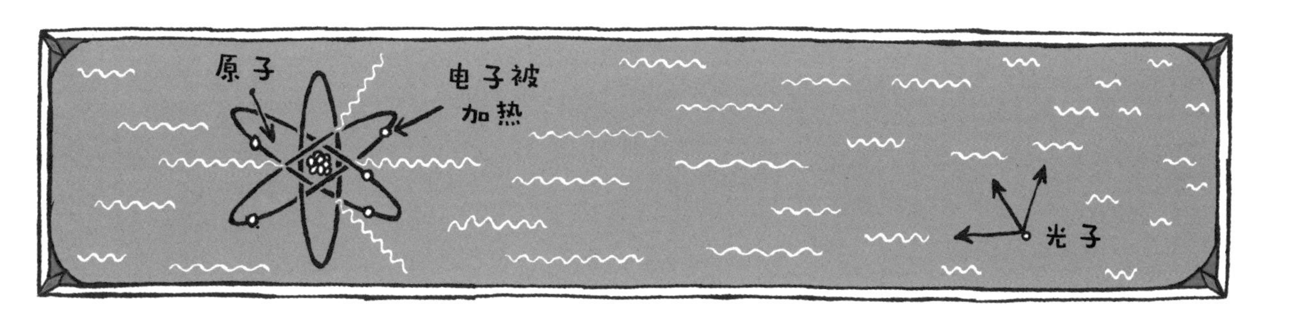

每一道光都是电吗?

你要知道，历史上最伟大最聪明的那些科学家都问过这些问题，而且这些问题的答案也同样精彩。关于光的话题可以写好多本书，而且还有很多和光有关的有趣研究。不过在你充满干劲地想把这些书都找来看之前，我要先把最无聊的结论部分告诉你：光是一种电磁辐射。好了，这下你不用花时间去读那些大部头了。你只需要了解电磁辐射是什么就足够了。

你看到“电磁”两个字就会明白，光和无处不在的原子里面的电子有很紧密的关系。这些电子可以制造出一种新的粒子：光子。光子可以产生光。但是如果电子想要制造出光子，就需要先获得额外的能量。这种能量可以来自热量，也可以来自碰撞。被加热或者发生碰撞的电子绕着原子核转动的速度会加快，这些额外的能量就变成了更快的旋转速度。当这些电子旋转的轨道变小

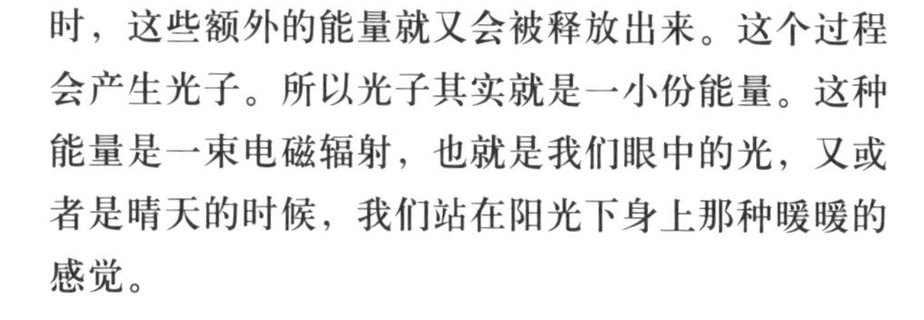
时，这些额外的能量就又会被释放出来。这个过程会产生光子。所以光子其实就是一小份能量。这种能量是一束电磁辐射，也就是我们眼中的光，又或者是晴天的时候，我们站在阳光下身上那种暖暖的感觉。

所有东西都可以产生光

只要有足够的能量，所有东西都可以产生光。木头被烧成滚烫的木炭时会产生光，高温的金属也会发光，被岩浆熔化的石头也会发光。而且每种原子产生的光子种类都不一样，不同种类的光子发出的光也不一样。碳原子产生的光就和氢原子或者铁原子产生的光不同。

所以不管一颗恒星距离我们多远，天文学家只靠研究一颗恒星发出的光就能知道这些光是由什么原子产生的。行星也是一样。科学家通过研究这些数据，就能推测宇宙中有没有可能存在和我们一样的生命。

八种类型的光

我们的眼睛可以看到的光的颜色和彩虹是一样的：红、橙、黄、绿、蓝、靛、紫，但光还有其他颜色。更重要的是，电磁辐射并不只有这些形式。同样都是光，有些形式几乎没有能量，而有些形式有非常多的能量。光拥有的能量是由其中包含的光子的数量和这些光子拥有的能量决定的。人眼可以看到的光是拥有中等能量的电磁辐射。这其中的红色光能量最少，紫色光能量最多。这些电磁辐射是以波的形式传播的。电磁辐射能量越少，波的长度越长，有些波长甚至能够达到几千千米。能量非常多的波的波长可能只有一千万亿分之一毫米。

观察收音机

比红色光能量更少的是红外线，我们已经不能用肉眼看到这种光了，有些蛇倒是可以看到。我们用遥控器换电视台时，用的就是红外线。如果你家里养了宠物蛇的话，虽然你看不到遥控器发出来的光，它却是可以看到的。你可能会问，既然有比红色光能量更少的光，那么是不是也有比紫色光能量更多的光？你说对了。比紫色光能量更多的光叫作紫外线。鸟类、蜜蜂和啮齿类动物，比如老鼠，都能够看到紫外线，不过人是看不到的。太阳也会发出紫外线，我们被紫外线晒到之后，皮肤可能会变黑或者晒伤。所以说我们看不到紫外线真是太可惜了，要不然我们只需要看一眼外边，就知道今天去海滩玩的时候该带上哪种防晒霜了。

和我们能够看到的那部分电磁辐射比起来，我们看不到的部分要多得多。我们平常绝对不会注意到，我们身边的手机、电视、收音机或者厨房的电器都在和光子打交道。能量比红外线低的电磁辐射叫作微波辐射。看名字就能发现，微波炉用的就是这种辐射。不过你可能不知道，我们的无线网络用的也是这种辐射。现在你知道了，但也不需要担心你家的路由器发出的微波会把你的脑子烧坏，因为这种辐射的能量真的非常少。能量比微波辐射还要少的就是无线电波了。如果你的视力非常非常好的话，就可以一边听收音机，一边观察它了……开个玩笑，毕竟世界上视力最好的人也是看不到无线电波的。我们经常能碰到收音机靠近电线的时候会产生杂音的情况，这就是因为电线里的电流对空气中的无线电波产生了影响。

能直接穿过你的大脑的光

比紫外线能量更多的光叫作X射线。X射线中的光子拥有非常强大的能量，甚至能够穿过身体的一些部分。只有我们身体里面最坚固的那些部分，比如骨骼和牙齿，能够阻挡这些光子，所以医院里会用X射线（也称伦琴射线）来检查我们的骨骼或者牙齿。能量更多一点儿的光叫作γ射线，它们可以毫不费力地穿过我们的身体，我们经常能在科幻小说里面看到这种射线，因为它听起来就很厉害，而且还非常危险。除了这些之外，宇宙中还有一种能量最多也最危险的辐射，叫作宇宙射线，通常出现在黑洞和超新星周围。太空辐射要比我们刚才讲过的所有光加在一起还要危险。因为它和其他的光都不一样，而且也不是由光子组成的。

用无线电波观察

我们现在已经掌握了很多关于光和电磁辐射的知识了，不过你还需要再耐心一点儿，因为我们马上就要说到最重要的部分了。我们可以确定的是，我们能看到的光只是所有“光”当中很小的一部分。X射线、无线电波、微波和红外线都是我们看不到的“光”。虽然我们看不到它们，但是它们和我们能看见的光一样，在宇宙中无处不在。光子能抵达任何地方。有一些光子可能从宇宙诞生的那一刻就存在了。通过研究这些光子，我们可以了解到很多关于宇宙的新信息。所以科学家除了会使用普通的天文望远镜之外，还会用X射线望远镜、微波望远镜、射电望远镜和红外望远镜观察太空，寻找那些我们可能还没有了解到的知识，也就是那些能帮助我们了解宇宙起源的知识……

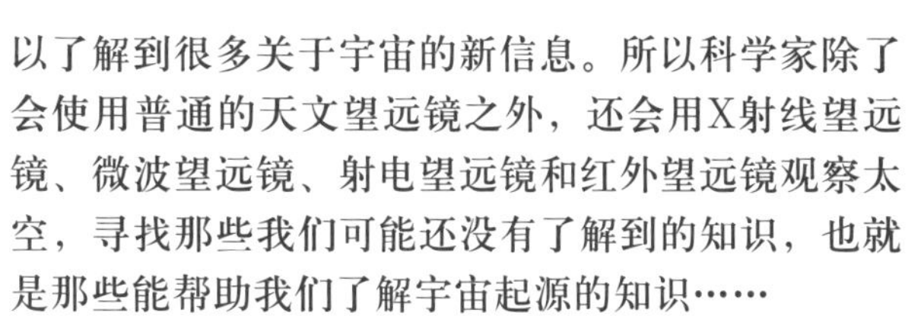

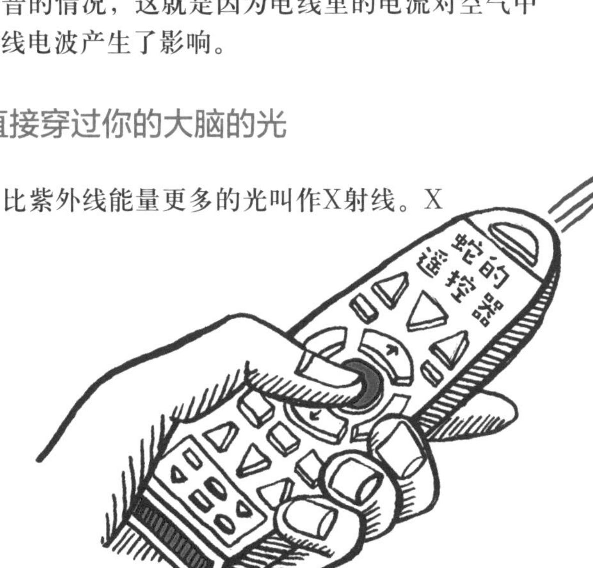

以每小时75000千米的速度把超级格罗弗送进太空

接下来，我们要用四分之一光速把《芝麻街》（美国儿童教育电视节目）中的蓝色人偶超级格罗弗发射进太空，我们在太空中看到的影子却像红色人偶艾摩。你肯定很奇怪，这本书怎么突然变成了《芝麻街》的剧本？但是请相信我，这真的是科学。让我来给你详细解释一下。我们在前面已经讲过了，光是由波组成的。光的能量越多，波的长度越短。蓝色光的能量要比红色光多，所以波长也就比红色光短。如果太空中的一颗恒星在以非常快的速度离我们远去，那么光的波长就会被稍稍拉长一些，于是这颗恒星的颜色看起来就会更红。它远离我们的速度越快，颜色也就越红。所以我们只需要靠颜色，就能找到运动速度最快并且离我们越来越远的那个星系了。所以如果我们用非常快的速度把超级格罗弗送进太空，那么他看起来就像是一只离我们远去的红色艾摩。

一张用无线电波拍下的照片

这个规则对年纪很大的光也同样有效，只不过应用方法不一样。这些爷爷辈的光在太空当中旅行了很久才到达我们的地球。在它们旅行的过程中，我们的宇宙已经膨胀了很多，所有这些光的波长也被拉长了很多。那些曾经红得很耀眼的光，在波长被拉长之后就变成了我们看不见的光。于是科学家发明了可以接收和测量这些光的特殊望远镜。所以我们得到了很多照片，能够很清楚地看到我们周围的宇宙环境。

这听起来不是什么难事，但其实是很难做到的。太阳、其他恒星或者超新星的周围存在很多很微弱的光，但是我们很难观察到。这就好像我们在一场重金属摇滚演唱会上，是不可能听到一根绣花针落地的声音的。行星、黑洞和星云周围的光过强，也不是很好的观察环境。就连太空中的尘埃云都会影响观察的结果。好在宇宙的大部分空间都是空的，所以我们只需要把射电望远镜对准那些地方就可以了。射电望远镜是绝对的“巨无霸”设备，科学家花了好多年才造出这么一台大家伙。它也没有让我们失望，甚至拍下了宇宙的婴儿照。

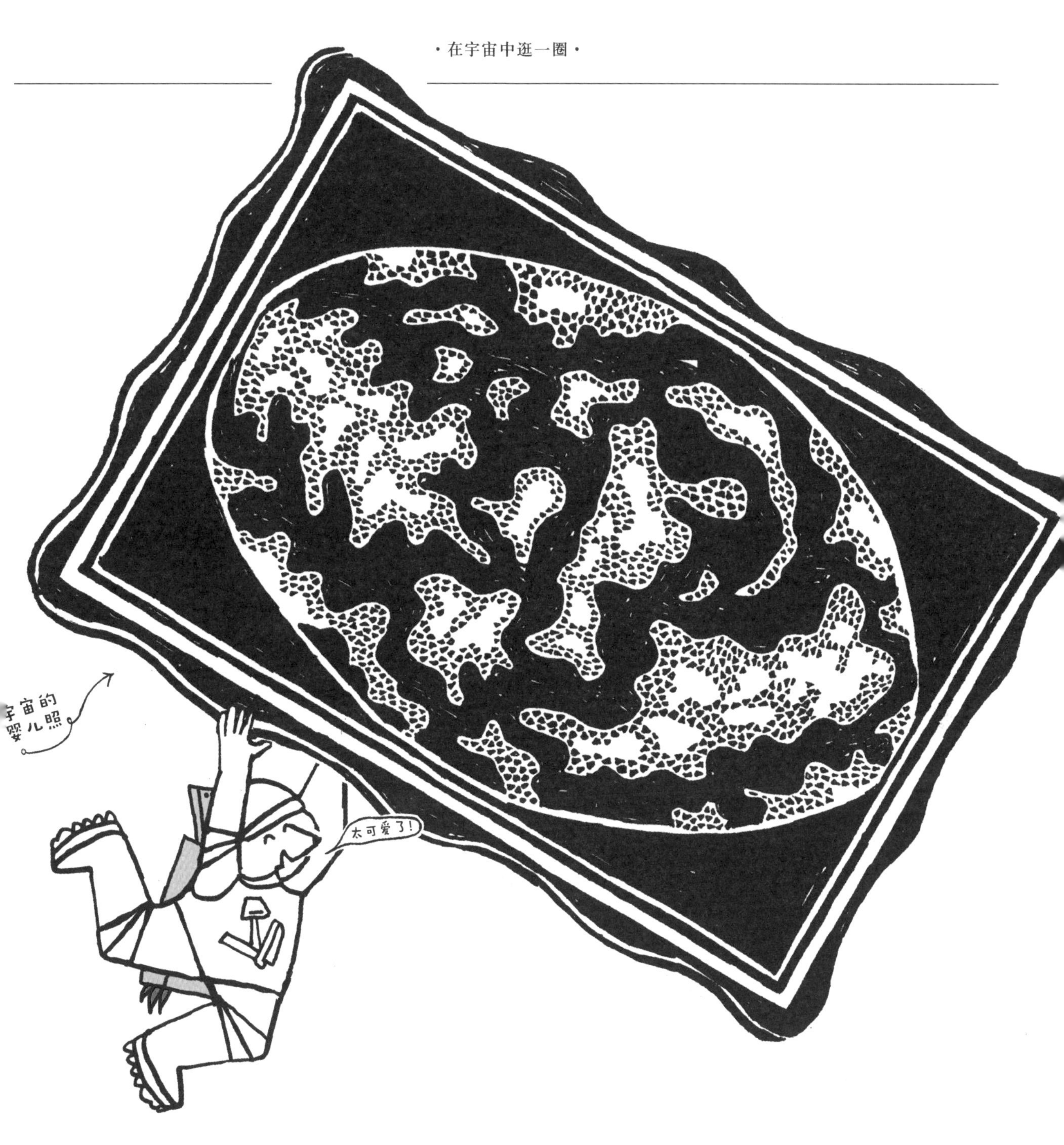

宇宙的婴儿照

你肯定要问了，这到底是什么？我们看到的是什么东西？简单来说，我们看到的是宇宙的婴儿时期。照片里的宇宙肯定没有婴儿时期的你可爱，但是这张照片真的很特别。它向我们展示的是138亿年以前宇宙的样子。你还记得我们在时间旅行的最后一站说过的那颗像一碗滚烫的豌豆汤一样的大火球吗？这就是它的样子。不过如果你一时记不得了也没有关系，事情是这样的：宇宙在诞生的第38万年还是一大锅粥，原料是不太稳定的氢和氦，温度大概是几千度。这张图片里的宇宙就是这个状态。更准确地说，那个时候宇宙的温度非常高，光线也非常强。我们现在看到的是那个时候就存在的、到现在也仍然存在着的光子的能量。这些光子直到现在都还活跃在我们周围。

比预期高出2.725开尔文

宇宙婴儿时期的照片向我们展示了138亿年前的宇宙中有多少热量和光，而且还让我们了解到物质在宇宙当中的分布。当时的宇宙充满了能量，所以也就挤满了光子。和那时的宇宙相比，现在的宇宙要大上很多，温度也降低了很多。我们现在仍然可以在宇宙的各个角落找到这些上了年纪的光子。光子使得宇宙各处的温度比我们预想的高出了2.725开尔文。按理说，在宇宙当中一个空空荡荡的地点，温度应该是绝对零度，0开尔文（零下273.15摄氏度），也就是宇宙中最低的温度。这是因为那里完全是空的，不存在任何能够产生热量的东西。但是我们在宇宙当中根本找不到温度这么低的地方。到处都很“暖和”。这也是很好解释的。刚用过的烤箱，就算已经把电源拔掉了，烤箱里面也还是热的。宇宙也是一样的道理。

只不过在宇宙当中，一个角落和另一个角落的温差可能只有几百万分之一摄氏度。图片上那些一小片一小片的光代表着温度，温度越低，颜色就越浅，所以说我们看到的其实就是光子。这样的照片可能看起来并没有什么特别的，但是它真的很重要。照片上这一片一片的光意味着所有恒星、行星，以及你和我有了存在的可能。如果照片上是一片空白的话，那么我们也就不会存在了。

没有它们就没有我们

这个过程只需要引力：分子会彼此吸引，如果你是一个分子，那么你就会自动被附近的那个引力最大的分子群体吸引过去，然后你成为这个分子团的一部分，整个团块越变越大。这个过程需要花好长时间，因为你们最终的成果可能是一颗恒星或者一颗行星。如果我们假设宇宙里的所有物质都是均匀分布的，那这样的宇宙和我们现在的宇宙就会完全不一样。因为在那个宇宙当中，作为一个分子的你看向四周，发现前后左右的分子和你之间的距离都是一样的，所以你哪儿也去不了，只能待在原地。可是如果分子不运动，就不能组成小团块，也不能在一起组成行星或者恒星。所以这张图片的另外一个重要之处就在于，它证明了宇宙当中的光子不是均匀分布的，所以宇宙当中的物质也不是均匀分布的。在那个时候就已经存在了的物质，也就是氢和氦，都不是均匀分布的。所以宇宙成了现在的样子，后来也就有了你、有了我，还有了我们很多人都爱吃的奶酪。

这张图片还有一点非常厉害。这张图片不仅能让我们看到宇宙诞生之后第38万年的景象，也向我们展示了宇宙诞生之后不到一秒钟之内的景象。什么，那怎么可能呢？你肯定已经惊讶得跳起来了对吧？我们再仔细读一遍，这次一定要读得慢一点儿、认真一点儿：也向我们展示了宇宙诞生之后不到一秒钟之内的景象。没错，就是这样。让我来解释一下。我们先把地球想象成一个吹满气的气球，上面画着山脉、大海还有大陆。然后我们把这个气球里面的气慢慢地放掉。气球上的画其实还是一样的，只不过变小了对不对？宇宙的婴儿时期也是一样的。所以你只需要记住宇宙在刚刚诞生的时候还很小很小就可以了。有多小呢？大概也就是一粒沙子的十亿分之一那么大吧。

无法想象

读到这里你会发现，我们抵达的时间距离现在越久，宇宙就越小。此时此刻的宇宙大到我们根本无法想象，但是那个时候的宇宙也小到我们根本无法想象。在当时，宇宙中的粒子全部挤在一起，它们的密度完全超出了我们的想象。宇宙的温度也是超乎想象的高。爆炸发生之后，它们向外扩散的速度还是超出我们的想象。不过有一些事情我们是确定的，比如这场爆炸的名字，它就叫作“大爆炸”。那是一切的起点。

宇宙诞生之后的第0.000 000 000 000 000 000 000 000 000 000 000 000 000 000 1秒

如果我们从这个时间点出发前往宇宙诞生的时刻，我们需要继续回到过去。这样的旅行，我们在之前已经试过几次了，所以这次要来点不一样的。我们这次从宇宙刚刚诞生的时刻出发，沿着时间流动的方向前进。所以我们要做的事情是一样的，只不过这一次是按照正确的顺序，然后了解更多的信息。所以我们要了解到的大爆炸和接下来发生的所有事情，都是按照它们实际发生的顺序排列的。不过它们听起来也是非常荒唐的。你只需要耐心地读完它，完全不用相信它是真的，也不用理解我在说些什么。我们会在这本书里慢慢解释它，让你在最后可以完全理解。这个故事包括了所有重要的大事件，而且持续的时间比闪电还要短。准备好了吗？我们开始了。

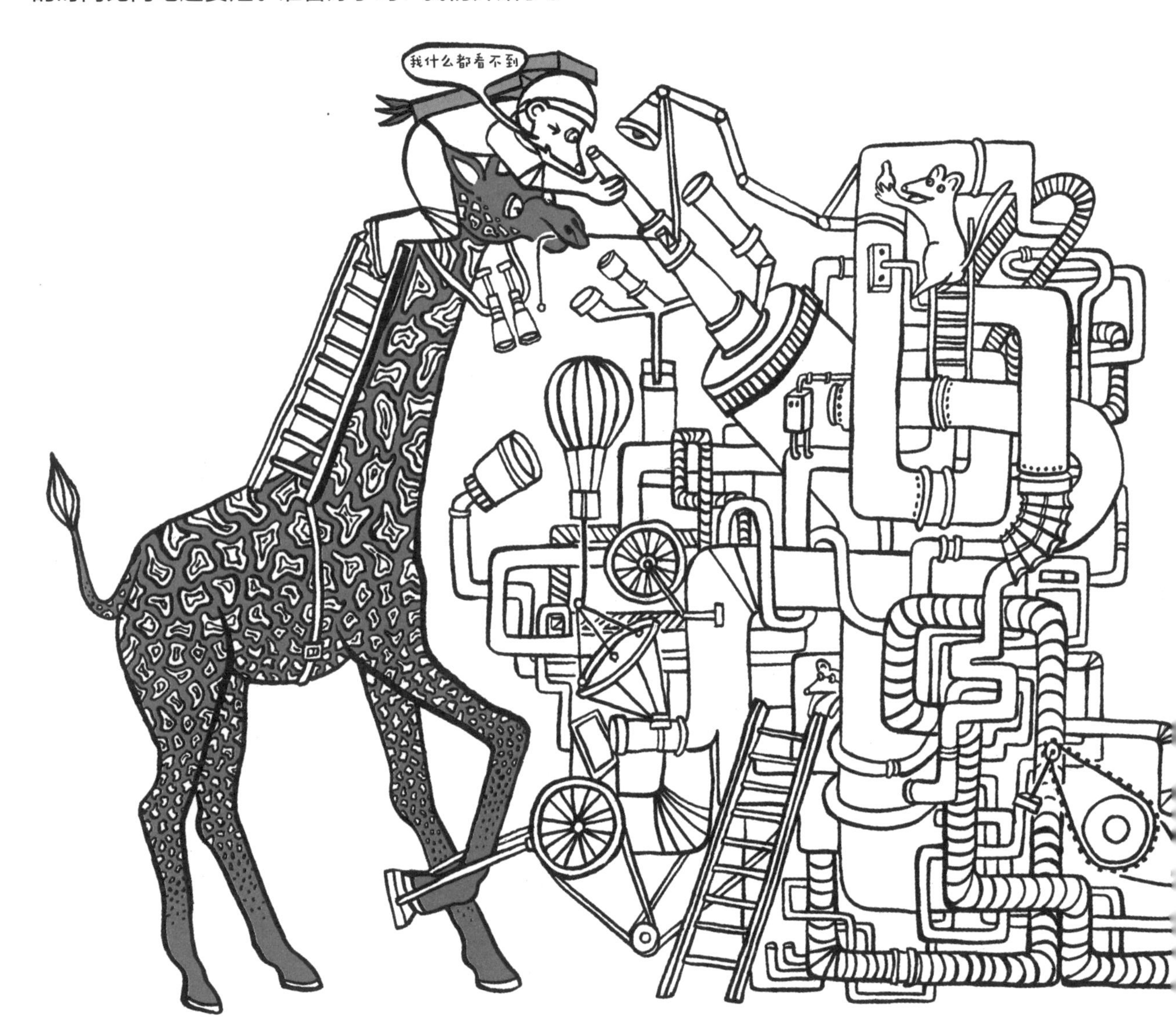

十万万亿的千万万亿摄氏度

现在我需要你去找一张纸，先在纸上写一个“0”，然后在它后面画一个小数点，然后在小数点后面加上42个“0”，最后再写一个“1”。这个数字的单位是秒，记住这个时间，因为这就是宇宙诞生之后我们故事开始的地方。换句话说，就是宇宙诞生之后的第一千亿亿亿亿亿分之一秒。这个时候，我们的宇宙只有十万亿亿分之一个沙粒那么大。这个时候，原子不存在，电子不存在，夸克也不存在。这个时候，电磁力不存在，核力也不存在。我们之前讲过的所有能量在一起组成了同一种能量：热量。这个时候，宇宙的温度是一千万亿亿摄氏度。我们可以肯定的是，冬天绝对不可能下雪了。

这个时候，宇宙正在以非常非常快的速度变大。只不过……零的十倍还是零。体积和零没有什么区别的宇宙在变大十倍之后还是基本接近于零。所以虽然宇宙变大的速度很快，它还是非常非常小。宇宙的体积越大，平均温度就越低。但跟体积变化的规律一样，当时的宇宙温度实在太高了，降低一点点也不会有什么区别。在宇宙诞生之后的第一千亿亿亿亿之一秒（也就是小数点后面有34个“0”和一个“1”），夸克产生了。夸克是世界上最简单、最小的粒子，同时也是我们宇宙中的第一种物质、第一种粒子。让我们祝贺它！不过它的垄断地位并没有保持很久。因为已经出现的粒子并不能存活很长时间。在粒子产生的同时，反粒子也产生了。反粒子是和粒子完全相反的存在，就像“－1”和“1”是完全相反的一样。“－1+1”会得到什么？“0”，对不对？粒子和反粒子相遇的时候，同样的事情也会发生：什么都没剩下。

反粒子爆炸

如果夸克遇到反夸克，两种粒子就会一起消失。在宇宙大爆炸时期，这种事情随时都在发生，而且直到此时此刻仍然在发生。这是因为反粒子仍然在不断地产生，只不过数量没有那么多而已。还有一个没有什么用但是很有趣的知识点，我很想和你分享一下：所有物质都会产生反物质。我们就拿香蕉来说。一根中等大小的香蕉每75分钟就会制造出一个电子的反粒子。你也不例外，你也会制造电子的反粒子。但是不用担心，因为你的身体完全可以承受偶尔失去一个电子的损失。不过如果有一天，这个世界上出现了一个完全由反粒子组成的你，那你可一定要小心了。万一你不小心跟这个反粒子版本的你握了一下手，那么你们两个就会一起消失，留下一道耀眼的闪光，比闪电都要亮。这次握手还会造成一场巨大的爆炸。如果几颗沙子遇到另外几颗反粒子组成的沙子，它们造成的爆炸可以直接把一条街上的所有房子都掀翻。你可以想象一下两个你造成的爆炸有多么可怕了。电子的反粒子其实也有一个学名，它叫作正电子。不过你也不用记住它，毕竟这本书里已经出现过那么多各式各样的粒子了。

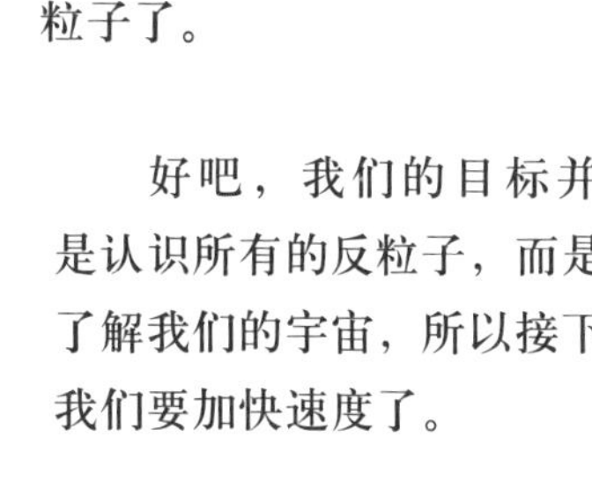

好吧，我们的目标并不是认识所有的反粒子，而是要了解我们的宇宙，所以接下来我们要加快速度了。

九个重要问题

好了，我们现在把时间拉回宇宙诞生的时候。粒子和反粒子相遇后引起的爆炸会释放出非常多的能量，于是光子就产生了。你可能会觉得所有发生碰撞的粒子和反粒子应该可以互相抵消掉。但神奇的是，不知道为什么，粒子的数量比反粒子多了一些。每十亿次粒子和反粒子的碰撞中，都有一个粒子有机会存活下来。此外，从当时唯一一种已经出现的能量当中又诞生了引力、强核力、弱核力以及电磁力。到这个时候，决定我们现在宇宙的样子的四种力就都出现了。这个时候是什么时候呢？差不多是宇宙诞生后的第万亿分之一秒，也就是小数点后面有11个零。

最初的恒星

现在，中微子和电子都已经出现了——当然，它们各自的反粒子也都已经出现了。宇宙继续降温，也在继续快速变大。即使宇宙变大了，它在这个时候的大小也还是肉眼看不到的，我们需要用显微镜来观察它。如果我们再耐心地等一会儿，在一百分之一秒后，由夸克组成的质子和中子就出现了。一秒钟之后，原子核也出现了。这个时候的宇宙已经差不多有弹珠那么大了。

宇宙在继续变大，变大的过程也更容易观察了。几秒钟之后，宇宙就已经有几光年那么大了。但是它的温度还是很高，里面的一切都非常混乱，所以还没有形成原子的条件。你要知道，我们现在的宇宙就是由原子组成的。但那个时候的宇宙就是一大锅不透明的滚烫热粥，连光都找不到出路。就像我们把手电对准泥潭的时候，光会被泥潭“吃掉”一样。

激动人心的时刻到来了，第一个原子诞生了。最先出现的是氢原子和氦原子。当时真的就只有这些。虽然只有两种原子，但是它们已经很自觉地开始聚在一起了。大爆炸之后的第38万年，原子结合，与辐射分离。我们之前看到的那幅图片就是这个时候的宇宙。在这之后，宇宙继续变大，温度也继续降低。这时问题出现了：宇宙里没有光源了。这个时候的宇宙还没有恒星，获得自由的辐射也已经看不到了。整个宇宙陷入了黑暗！

原子仍然在继续组成更大的团块。它们组成的小团又继续组成更大的部分，然后变得越来越大。而且整个团块的质量越大，它们吸引的物质就越多。于是恒星和星系就诞生了。在一片漆黑的宇宙当中，它们看起来就像电灯一样。之后，我们的银河系也诞生了，紧接着，太阳诞生了，然后就是地球、月球和你。

当然吃比萨了

这就是大爆炸的故事，它理解起来没那么容易，而且也没有“哈利·波特”有趣。但是请相信，它对我们来说是非常重要的，我们还有很多很多问题没有解决：

- 大爆炸是怎么发生的？
- 第一千亿亿亿亿亿分之一秒之前都发生了什么？
- 大爆炸之前有物质存在吗？
- 宇宙诞生的时候只有那么一点点，那宇宙之外的地方有什么？
- 粒子是怎么出现的？之前不是什么都没有吗？
- 那么多的能量都是从哪里来的？
- 宇宙是怎么在几秒钟的时间里就变成几光年那么大的？
- 我们是怎么知道这一切的？
- 我们晚上吃什么？

这本书接下来的内容就是要解决这些问题。不过最后一个问题需要你自己去寻找答案。是我的话，肯定选吃比萨！

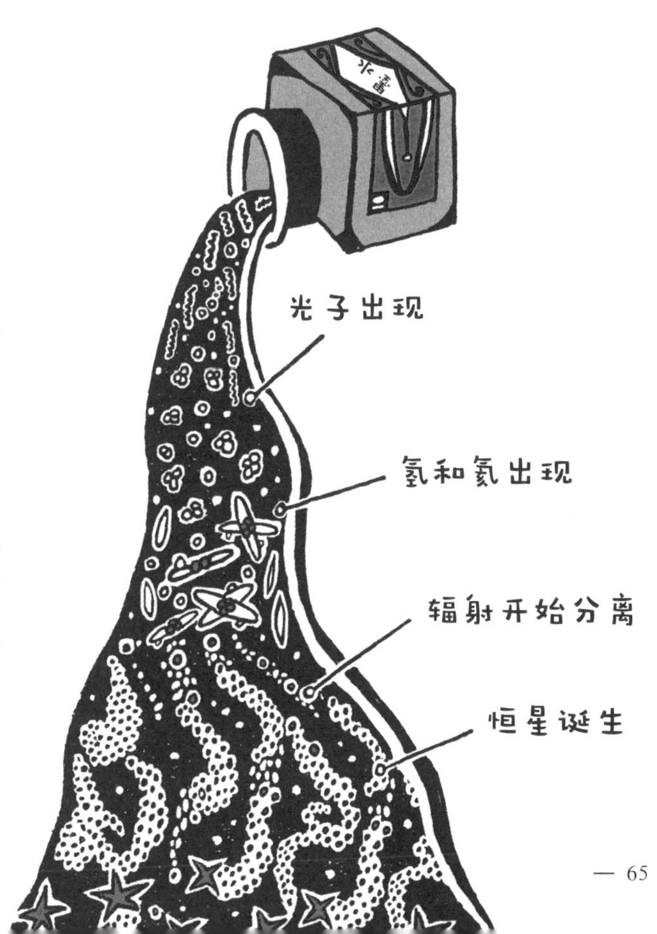

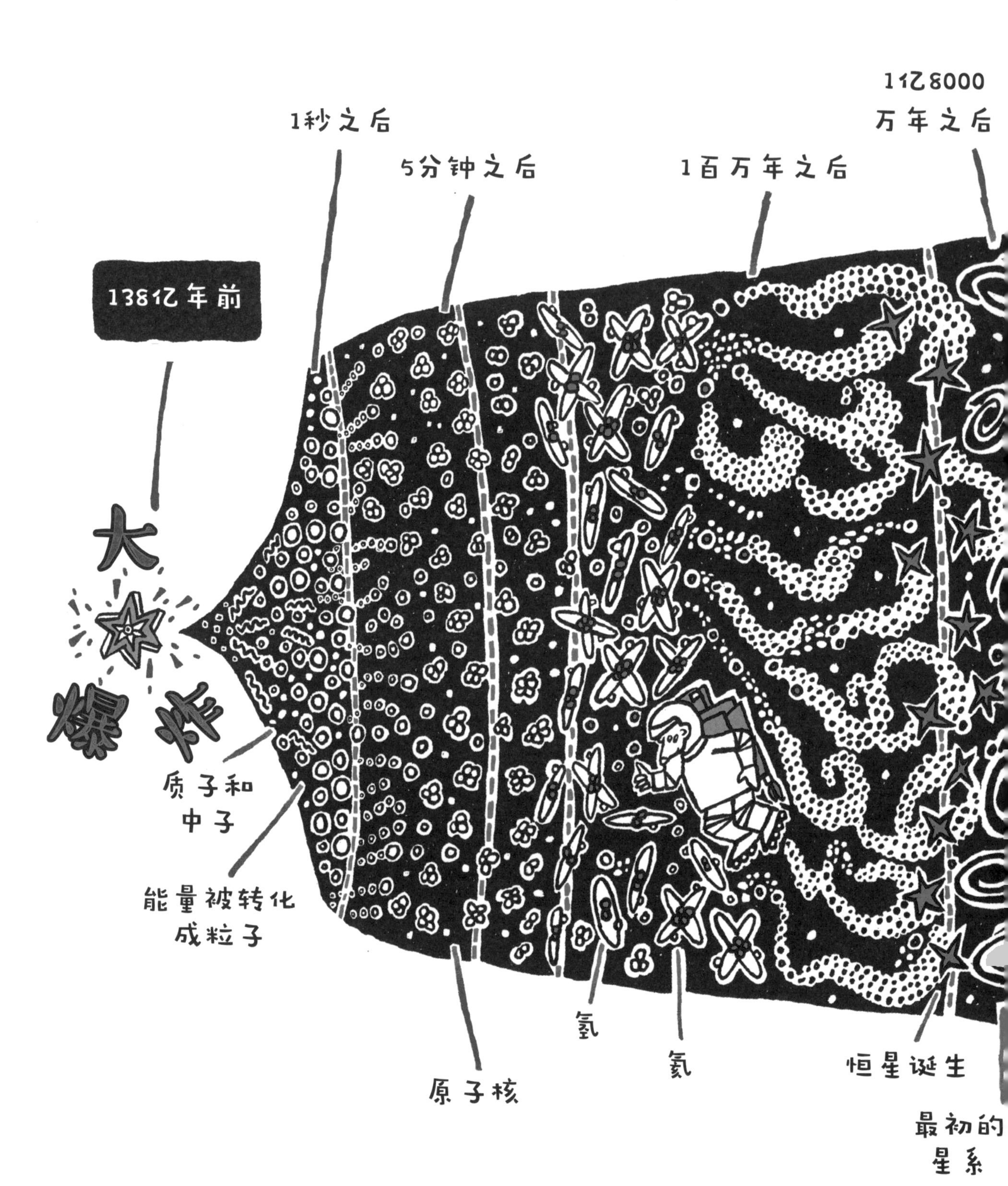
138亿年前
大爆炸
质子和中子
能量被转化成粒子
1秒之后
5分钟之后
原子核
氢
氦
1百万年之后
1亿8000万年之后
恒星诞生
最初的星系

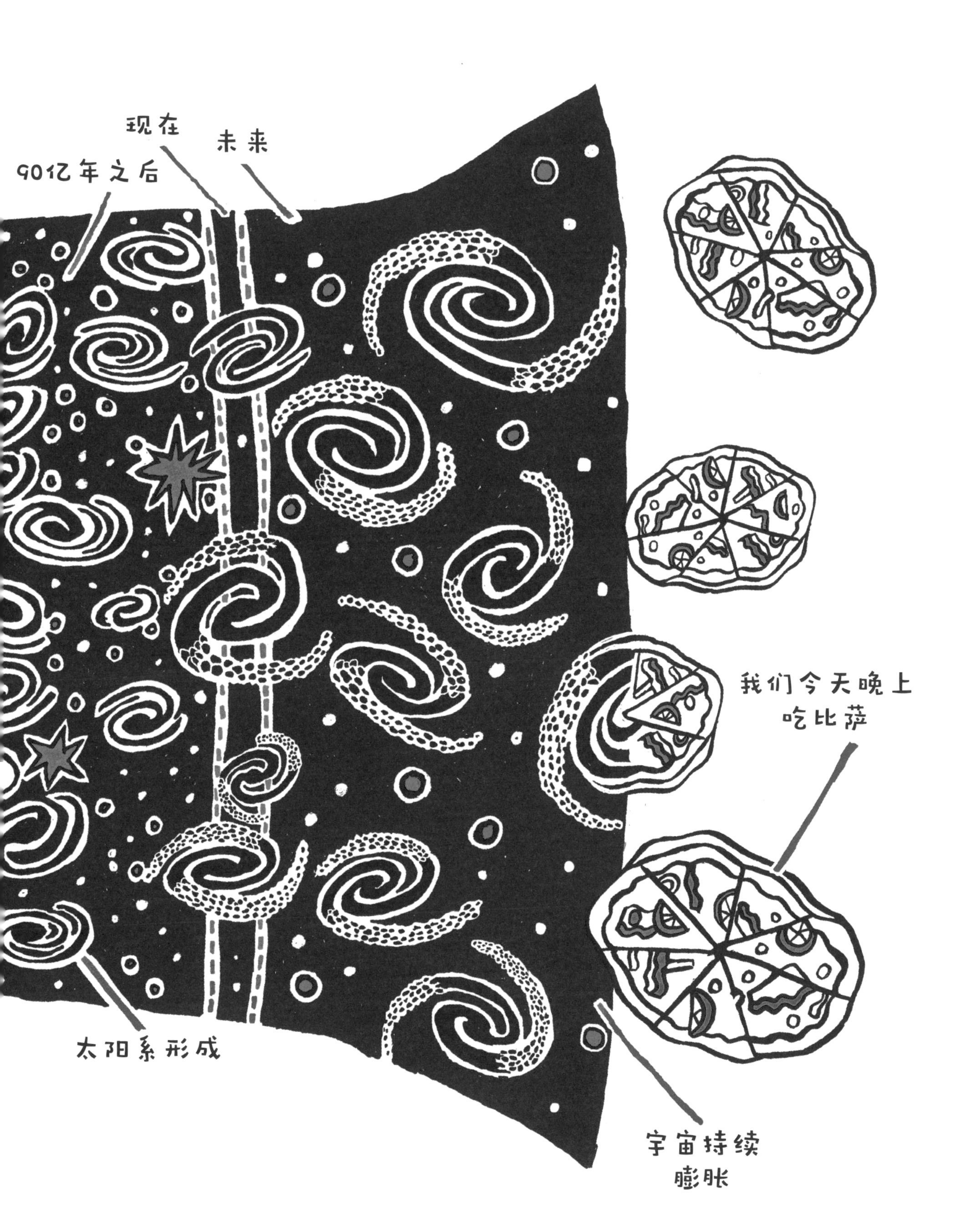
现在
未来
90亿年之后
我们今天晚上
吃比萨
太阳系形成
宇宙持续
膨胀

— 第三部分 —

阿尔伯特·爱因斯坦和他的天才理论

第三部分

这本书的内容是由上百位天才科学家的研究成果组成的，其中很大一部分研究都是在二十世纪完成的。在这些科学家里面，有一位可以被称为天才中的天才。他的名字叫作阿尔伯特·爱因斯坦（Albert Einstein）。如果没有他的发现，我们就不会有机会了解到这么多跟宇宙起源有关的知识。一般来说，伟大的科学家都会因为他们完成了某项伟大的研究获得诺贝尔奖，然后流芳百世，后人还会把他们的雕像放在最显眼的地方。爱因斯坦在1905年这一年当中，就完成了四项诺贝尔奖级别的研究，而且他在这之后还继续进行了很多伟大的研究。

如果你想充分理解宇宙从何而来，以及它是由什么构成的，那么你一定不能错过爱因斯坦的理论。接下来这一整个部分就是关于他和他的研究的。

爱因斯坦，过来
桌子收拾干净!
毕波
E=MC
契克

你永远不可能以每秒350 000千米的速度穿越宇宙

阿尔伯特 · 爱因斯坦非常聪明。有多聪明呢？有的时候，他自己都不敢相信自己的想法。对于他生活的年代来说，他实在太超前了。直到他去世很多年之后，人们才有能力根据他的奇思妙想设计实验。而且这些实验证明，他的想法都是对的。爱因斯坦从小就对光和磁非常感兴趣。他观察世界的方式跟其他人不一样。在其他同学还在认真计算书上的习题的时候，他就已经开始在自己的大脑里面做实验了。对于他来说，那些复杂的算式就像跳动的画面一样。爱因斯坦认为，光速是最快的，没有任何一种物质能够以超过光速的速度运动。但是如果我们搭上光的便车，在以光速向前运动的同时，打开我们的手电照向前方呢？这样的话，手电发出的光的速度是不是就超过光速了？爱因斯坦思考的就是这样的问题。所以他完成了很多非常伟大的科学发现，其中就包括世界上最著名的方程式：$E=MC^2$。

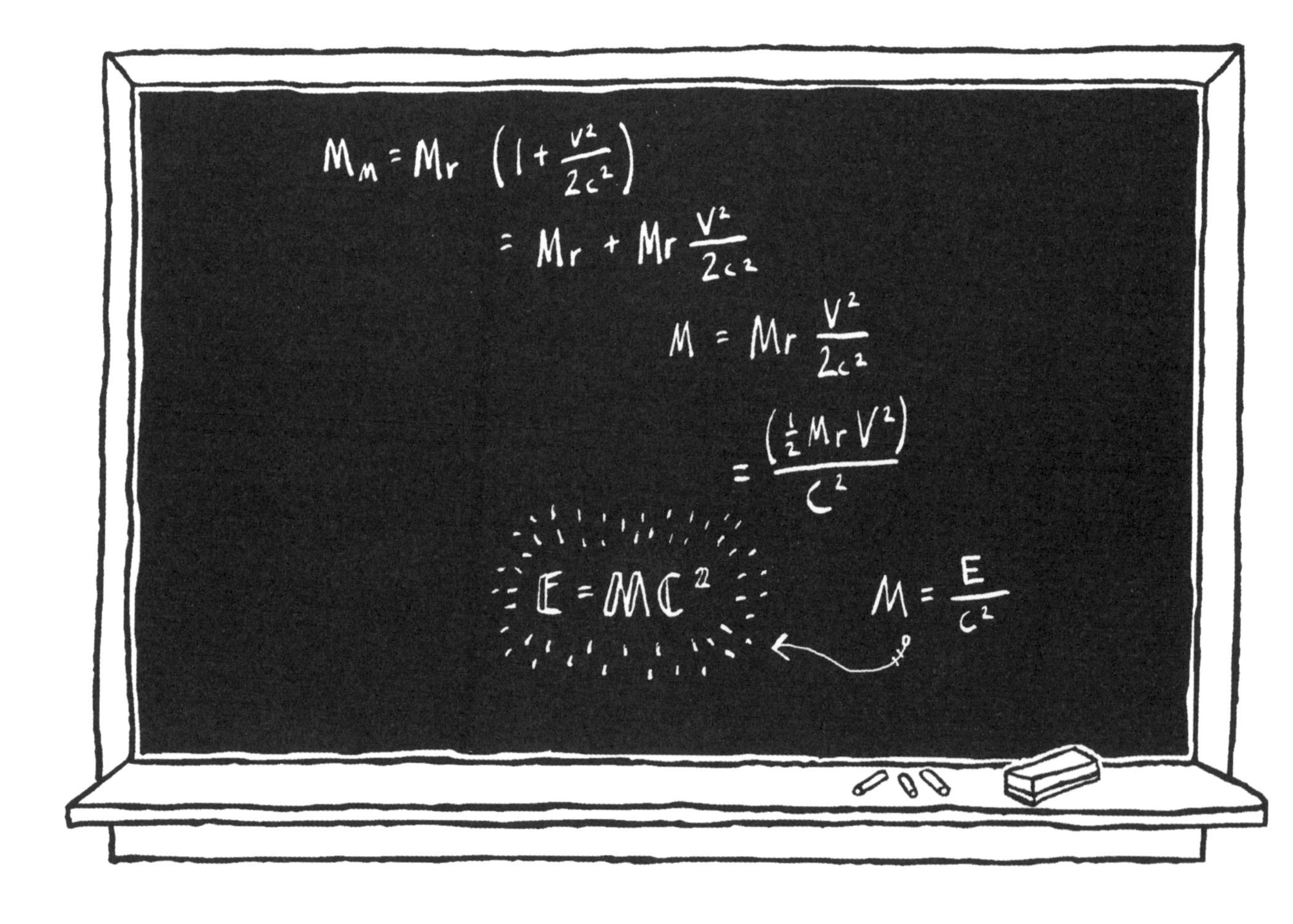

爱因斯坦还对时间旅行有很多思考。时间旅行到底能不能实现？如果时间旅行是可能的，那我们需要做些什么？我们之后就会讲到这一点。不过我们需要先弄明白光和光速都是什么……

光的前进速度变慢的话，会发生什么？

光的前进速度大约是每秒30万千米，不过我们先假设光的速度并不是一直都这么快，比如突然有一天，光每秒钟只能前进10厘米。

那么这天早上你正常起床，像往常一样打开了你房间的灯。但是你等了好几秒钟，房间才亮起来。这是因为灯发出的光需要好几秒钟的时间才能到达房间的每个角落。你走出房间，向你的爸爸妈妈问早安。他们也问你早安。但是奇怪的事情发生了：他们的嘴还没有动，你已经听到他们在说“早上好”了。这是因为声音的前进速度是每秒300米，而现在光速只有每秒10厘米。所以等你看到你爸爸妈妈做出“早上好”的嘴形时，他们其实早就开始做别的事情，或者在问你睡得好不好了。吃过早饭之后，你打开电脑想玩一会儿赛车游戏。但是今天的游戏很奇怪，你的赛车一点儿都不听话，不停地撞车。这是因为你的眼睛和电脑屏幕之间有30厘米的距离。所以你给赛车的指令实际上都迟到了3秒钟。于是，就连“游戏结束”的画面都会迟到3秒钟。

在去上学的路上，你看到你最好的朋友正在马路对面打开自行车的锁。于是你走过去想打个招呼，但是你的朋友已经不见了。这是因为光从街的一边到达另一边需要花上很长的时间，而你的朋友在这段时间里早就骑上自行车走掉了。而且你选择走路去上学其实是非常明智的，因为骑车对于现在的你来说是一项非常危险的运动。等你看到对面有一辆汽车或者一辆自行车在朝你开过来的时候，你们早就撞在一起了。如果你选择坐公交车去上学，那么你从公交车的后车窗看出去，就能看到过去发生的事情。因为你前进的速度超过了光速，所以实际上你是在追赶光的步伐。你往前走的速度越快、走的时间越长，身后的画面就越“古老”。这听起来确实挺有趣的，但是其实很麻烦。因为公交车司机根本看不到他两边有没有车……所以我们应该庆幸，现实中的光速比每秒10厘米要快得多。

爱因斯坦肯定会拧我的耳朵的

如果爱因斯坦有机会读到上面这段文字，那么他肯定会狠狠地拧一下我的耳朵，然后冲着我的耳朵大喊：“小鬼，光速是最快的！没有东西能比光还快！”而且他是对的。我刚刚举的这个例子是完全不可能发生的，而且完全不符合科学原理。不过我的目的是让你意识到，光的这种非常快的运动速度对我们的生活来说有多么重要。

不过我需要额外说明的是，光只能在什么都没有的地方（即真空）以最快速度前进。空气或者水都会让光减速，不过只会稍微慢上一点点，它还是快到离谱。好的，现在问题来了。为什么光速是最快的速度？为什么其他东西的速度都不能够超过每秒30万千米？我们为什么不能设计一个机器，把一个小球以每秒35万千米的速度射进太空？怎么说呢，首先，光几乎没有重量。光子是没有质量的，所以它们能够以宇宙当中最快的速度在宇宙中穿行。另外还有一个重要的原因：$E=MC^2$。

$E=MC^2$

我们经常能在T恤衫或者马克杯上看到国王或者王后的头像。有些电影明星或者流行歌手也有自己的周边产品，足球明星也有。迪士尼形象和有名的艺术品都会推出周边产品。那物理公式有自己的周边吗？没有。不过有个例外：$E=MC^2$。这是有史以来最有名的公式。人们把它做成了被子、衣服、靠垫、床单、手机壳、酒壶等等。如果制造它们的人需要向爱因斯坦付版权费的话，爱因斯坦肯定可以靠这些周边成为富翁的。其实很多使用这些周边产品的人根本不知道这个公式是什么意思。但是你就不一样了，你马上就会知道了。

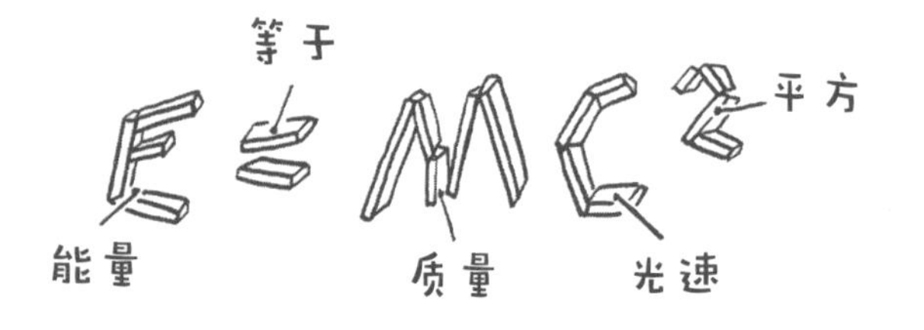

$E=MC^2$的意思是，能量等于质量乘以光速的平方。简单来说，能量就是质量乘以光速再乘以光速。

这个公式当中的“E”代表能量。我们之前讲过，能量以热、光或者运动的形式存在，所以我们可以用能量来加热食物、照亮房间或者让一些东西动起来。

公式当中的“M”代表质量。质量就是日常语言里我们说的重量的意思。不过你可千万不要在物理学家们面前说出“重量”这个词，他们会很生气的。这是因为重量是一个不确定的概念，你所在的位置决定了你的物理学上的重量。月球上的重力比地球上的重力小，所以你在月球上的重量只有在地球上重量的六分之一。等你进入太空之后，你的重量就几乎变成零了。质量和重量有很大的区别，你一定要记住这一点。质量是永远不变的，但是重量是会变的。

如果你在地球上的体重是40千克，那么你的质量就是40千克。进入太空之后，你的质量还是40千克。你可以把质量理解成为了让某样东西动起来需要花费的力气。羽毛的质量很轻，所以我们不需要用多大的力气就能把它拿起来。但是喜马拉雅山脉质量非常非常大，我们无论如何是不能把它提起来的。这么说，一个紧紧抱住冰激凌车不放的小孩儿质量一定不小。

公式当中的“C”代表光的速度，大约是每秒30万千米。你在公式最后看到的那个挂在“C”右上角的小小的“2”，是“平方”的意思。一个数字的平方，就是它自己乘以自己。比如3^2就是3乘以3，等于9。考你一下，10的平方是多少？答对了，是100。所以光速的平方就是每秒30万千米乘以每秒30万千米，也就是每二次方秒900亿平方千米。（注意，单位也要自乘。）

你的身体是个能量站

好了，我们现在已经知道这个公式是什么意思了。但是它能做什么呢？爱因斯坦是用它来解释能量和质量的。光速会一直保持每秒30万千米，这一点并不会发生改变。所以这个公式当中的“C^2”是不会变的。你拥有质量，也就拥有了能量，或者说，质量和能量可以在某种方式下相互转变。能量和质量就有了直接的联系。准确地说，能量和质量不仅有直接的联系，它们本来就是一样的。所以质量可以成为能量，能量也可以成为质量。

“C^2”已经有每二次方秒900亿平方千米这么大了，所以我们只需要一点点质量就可以拥有很多很多能量，这就是原子核的原理。你的身体也是一个巨大的能量源。你小小的身体生产的能量足够让几个大灯泡亮上几千年的——不过前提是你得要找一个能够把这些能量从你的身体里面抽出来的办法。目前，科学家还没有把这个办法研究出来。

你在其他星球上能跳多远，以及同一台体重秤显示的重量（注意并不是你胖了或瘦了）。

在你看这句话的这段时间，太阳的质量减少了20 000 000 000千克

自古以来，有两个重要的规则从来没有发生过改变。第一条叫作质量守恒定律：无论宇宙变成什么样，质量永远是质量。这条定律就是这么规定的，没有给我们留下任何质疑的空间。但是它听起来确实很不可思议。按这个定律的说法，一块木头被放进壁炉里点燃之后，质量仍然是不变的。在它烧成了灰，被你一口气吹进烟囱之后，质量也是不变的。

这条定律之所以还能够成立，是因为如果你把所有飘在空气里的烟尘颗粒全都找回来放在一起，它们的质量和最开始被放进壁炉的那块木头的质量是一样的。科学家做了很多相关的实验，得到的结果都是一样的。宇宙里的质量也是守恒的：一颗恒星发生了爆炸，把粒子送进了太空，这些粒子又组成新的恒星或者行星。从来不会有粒子就这么莫名其妙地消失在宇宙当中。

我们运动的时候会觉得很热

另外一条定律叫作能量守恒定律。你已经能猜到它是什么意思了对不对？根据这条定律，能量不会消失。能量永远存在，能量只会被转化成其他形式的能量，但是永远会以能量的形式存在。

热量会填满整个空间，变得更加分散，让我们很难注意到它的存在，但是它会一直存在。运动时能量会被转化成热量。下次你妈妈做蛋糕的时候，你去摸摸刚刚被关掉的搅拌器，它肯定还是热的。汽车的引擎在连续行驶很久之后，也会变得很烫。光也可以变成热量。你可以回想一下上次你躺在海滩上，头上的天空突然飘来一朵云遮住太阳的时候，你是不是会突然感觉没有刚才那么暖和了？

这两条定律是完全不会发生变化的，而且它们也很合理，但是我还有个小问题。恒星每时每刻都在失去质量。就拿太阳来说，它的质量正在逐渐变小，而且它的质量流失的速度很快。太阳的核每秒钟会失去——你可别吓到——40亿千克的质量！这可是在一秒钟之内啊。（你可能会开始担心太阳随时会消失，但其实没关系，太阳的质量太大了，即使少了一些，我们也注意不到。它还能继续燃烧好几十亿年呢！）

完了完了完了！

但是问题来了：太阳失去的那些质量去哪里了呢？哪里都找不到它们——不在地球上，不在火星上，也不在太空里。那些质量消失了，然后变成了能量。所有恒星都是这样的。所以质量守恒定律还是有问题的，恒星的质量是会消失的。完了，完了，完了。这条定律被推翻了！等一下！$E=MC^2$可以解决这个问题。因为我们可以确定的是，质量变成了能量，而能量就是质量。还好。幸好我们有爱因斯坦，这条定律算是保住了。

现在让我们回想一下那根被放进壁炉的木头。它的一部分变成了能量：热量和光。这些能量是从哪里来的呢？来自质量。但是我刚才也说过，科学家的实验证明了，木头的质量并没有损失。两种说法都没错。因为只有很少很少的一部分质量消失了，少到科学家根本测量不到。所以一块木头当中，只有很小很小的烟尘颗粒变成了光和热，小到让这条定律在日常生活中也是成立的。

宇宙当中的第一批粒子是怎么产生的？

如果$E=MC^2$，那么能量能变成质量吗？或者说，我们能把一束光变成粒子吗？当然可以了！大爆炸就是这个原理，宇宙当中的第一批粒子就这样产生了。科学家也可以做到这一点。他们能利用特殊的环境，把拥有很多很多能量的光子变成粒子。

所以我们离解决“宇宙当中的物质都是从哪里来的”这个问题又近了一步。我们刚刚说到，宇宙刚诞生的时候，温度是非常非常高的，粒子就是从这种高温中诞生的。不过话又说回来，这一部分内容其实是想解决“为什么光速是最快的速度”这个问题的。没关系，这个问题现在也能解决了，弗里茨和阿尔弗莱德这两位航天员会帮我们解决它。

我们先假设弗里茨和阿尔弗莱德正坐在一艘火箭里面，这艘火箭的飞行速度几乎能够达到光速。这个时候，弗里茨跟阿尔弗莱德说：“阿尔弗莱德，再加把劲呀，我们马上就能追上光速了。”但是想要做到这一点，他们就需要更多的能量。$E=MC^2$里面的“E”就增加了。与此同时，“M”也跟着增加了，因为“E”必须要等于“MC^2”，所以弗里茨和阿尔弗莱德的这艘火箭速度越快，质量就越大。火箭的质量越大，速度变快需要的能量就越多。这样做的结果就是，这艘火箭会变得非常非常重。这就是为什么光速是宇宙中最快的速度。光几乎没有质量，所以可以以非常快的速度前进。同样，其他没有质量的东西也可以以同样快的速度前进。但是宇宙中真的存在这种东西吗？

你正在以每小时2 000 000千米的速度穿越太空

爱因斯坦的思想实验让我们对太空有了更深入的了解。同时，我们也对那些我们曾经以为再普通不过的事情有了新的认识，比如空间和时间。

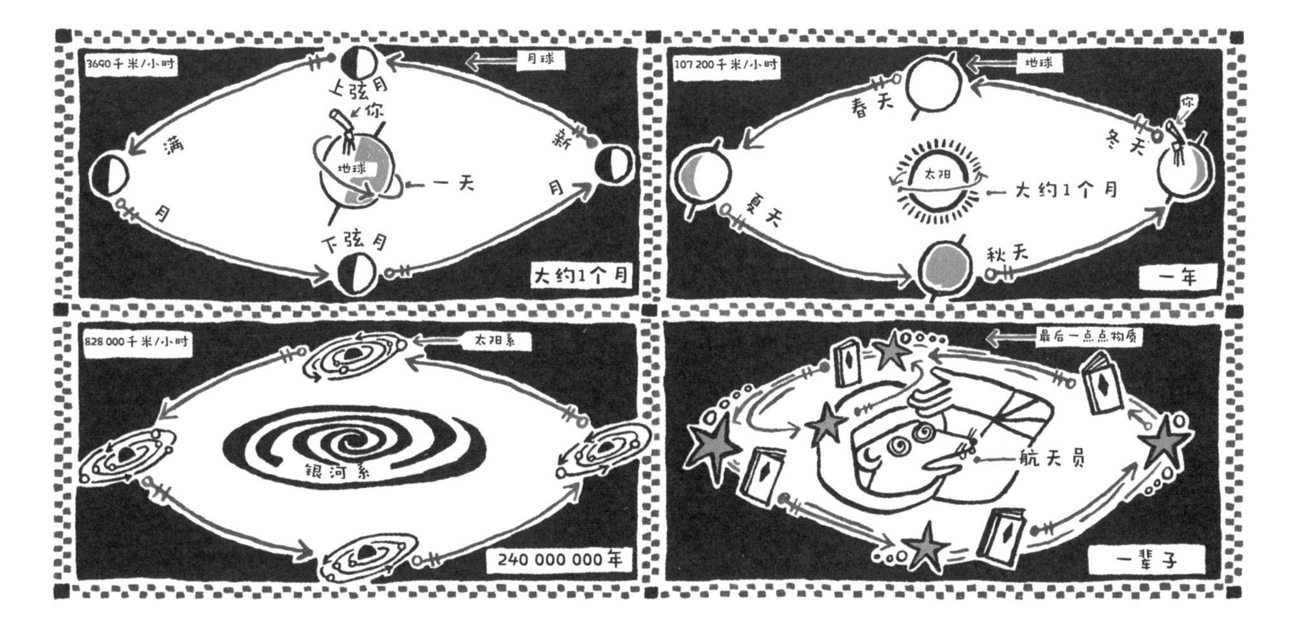

你肯定听说过爱因斯坦的相对论把？和$E=MC^2$一样，这个理论也非常有名，而且很少有人了解它的意思。这其实也不奇怪，因为相对论非常复杂，复杂到爱因斯坦的一些同事也花了好多年才弄明白。不过我会努力让你理解它的。首先，这个理论非常非常重要。因为如果没有相对论，我们的手机全球卫星定位功能和开车时的导航，就完全不是现在这样了。除此之外，时间旅行也要靠相对论才能实现。它还可以帮助我们理解宇宙。因为它是关于旅行和运动的理论。

你永远在运动，现在也是

其实你每时每刻都处在运动当中，而且速度比你想象的要快得多。虽然你现在可能是安安静静地坐在椅子上看这本书，但是你同时也在很快地移动。如果你刚好住在赤道附近，那你的移动速度就更快了。地球每时每刻都在自转，赤道处的自转速度大概是每小时1670千米。赤道上和所有地方的人会在24小时之后回到地球上的原地。荷兰所在的部分的自转速度大概是每小时1000千米。按理说，这个速度应该要带上头盔才安全。不过这其实不算什么。因为我们同时也在以每小时大约107 200千米的速度绕着太阳旋转。对于这个速度来说，头盔也保护不了你了。别忘了，太阳也不是静止的，它在以每小时约828 000千米的速度绕着银河系的中心旋转。然后银河系也正在高速穿过宇宙。它可能是要去赶飞机，因为它的运动速度高达每小时200万千米。你现在还觉得你自己没动吗？

但是你此刻的实际运动速度是多少呢？哪一种速度才是“真实”的速度？说实话，它们全都是真实的速度，因为它们同时在你身上发挥作用，只取决于你与谁或什么相比。所以一个单一的速度是并不存在的。更重要的是，单一的时间也是不存在的。时间完全是由你运动的速度决定的。为了更好地解释这个问题，让我们一起去打一局网球吧。我们今天的球友是来自赫鲁斯贝克的明克·范·代尔夫特。另外，我们还需要一个发球器和一列火车。正好明克也到了，你好呀！

警告！

重要的话要说在前面。虽然我们带了一个发球器，但是这并不是那种非常紧张刺激的实验。而且你在读完一遍之后可能会觉得不是很理解，想要多看几遍。这是很正常的。但是你一定要坚持住，因为只要你理解了这个故事，就能明白爱因斯坦最著名的理论的含义了。到那个时候，你的爸爸妈妈可能都不懂的事情就能被你掌握了。所以很值得对不对？如果你觉得这个故事实在太无聊了也没有关系，过两年再读一读，也许你就会觉得有意思了。

以每小时100千米的速度保持静止

下面这幅图上画的就是我们的球友明克。她坐在一列停着的火车里，手上拿着一个网球发球器。这个发球器可以朝火车车尾打出时速达到每小时100千米的球。我们并不在火车里，而是在火车的旁边操作计速器。我们的测量结果和明克是一样的，球速都是每小时100千米。

下面这张图上画的还是我们的球友明克。但是这次，她坐在一列速度每小时100千米的火车上。对于她来说，这并没有什么区别。因为她手里的机器打出的球看起来还是一样快，仍然是每小时100千米。可是对我们来说就不一样了。我们站在火车外面。在我们看来，这颗网球就像静止不动一样。火车正在以每小时100千米的速度往右开，而这颗球在以同样的速度往左飞。我们手里的计速器告诉我们，这颗球的速度是零。

明克说，这颗球的速度是每小时100千米，但我们觉得它根本没动。谁说的对呢？其实我们都是对的。两个速度都是真实存在的。现在，让我们再来做一次这个实验，只不过这次的实验对象变成了光。

快看那是谁，当然是我们的球友明克啦！这次，她手上拿着一个手电筒，光的方向和火车前进的方向相反。现在火车的速度还是每小时100千米。明克看到的是以光速离她远去的光束。

那我们呢？你觉得我们会看到什么？这束光的速度会不会比光速慢？其实并不会，因为光和网球不一样。我们看到的光和平常一样，还是以光速前进的。我们和明克看到的画面是一样的，光以光速前进。回到这部分开头的那个问题，如果你是一名航天员，正坐在一艘以光速前进的宇宙飞船里，打开手电筒之后，你看到的光也还是以光速前进的。太空中的光永远会以每秒30万千米的速度前进。

根据这个原理，我们还可以设计一个更神奇的思想实验。假设我们和两艘宇宙飞船一起以完全相同的速度在一条笔直的隧道里向前飞行。这条隧道无限长，而且一片漆黑。所以如果你看向两边的话，这两艘飞船就像完全静止了一样。很有道理对不对？但如果你是这条隧道里的一个光子，这时，有一个和你一样的光子从你身边飞过，于是你开始以同样的速度、朝着同样的方向追过去。但是这个时候你发现，你前面的这个光点还是在以每秒30万千米的速度向前飞去……你能不能想象呢？很好，你已经掌握了。

在你的想象世界中，让一艘以光速飞行的宇宙飞船里面的航天员打开他的手电筒不是一件特别难的事情，而且飞船里的光看起来也和普通的光没什么区别。因为和汽车在夜晚打开大灯的时候一样，光都会照亮前方，这和你是不是在以光速前进没有什么关系。（需要在晚上开车的话，一定要记得提醒你的爸爸妈妈打开车灯啊！）

不到1千米的1000米和持续时间比1小时长的60分钟

光永远会以光速前进，这是世界上最可靠的定律了。这条定律可比一分钟有一分钟那么长或者一米永远是一米长这种说法要可靠得多。现在你要集中精神了。

我们说回刚才的实验。你应该也已经猜到结果了。明克在火车上，朝车尾打开手电筒，然后看到了以光速前进的光束。我们在火车外面，能看到火车前进的速度非常快，而且光前进的方向和火车前进的方向是相反的。但是光还是在以光速前进。好了，接下来我们要加大难度了。从明克的角度来看，光束到达火车尾部要花费的时间比从我们的角度来看的时间要长。因为对于明克来说，光束穿过了整节车厢。但是在我们看来，火车的尾部同时也在朝着光束运动。所以它们在互相靠近。因此对于我们来说，这束光前进的距离更短，比明克看到的距离要短一些。光朝着左边前进，火车朝着右边前进，因此它们相遇的位置就要更靠右一些。对我们来说，火车的长度被缩短了。因为我们确定地知道光速是不会发生改变的，时间变短就只可能是由距离变短造成的。

按照这个规律，前进的速度越快，距离就越短，我不知道你信不信。怪不得短跑名将尤塞恩·博尔特（Usain Bolt）总是能赢：他跑的距离是最短的！这当然是开玩笑了。在地球上，这个速度是没有办法产生非常大影响的，但是在宇宙里就不一样了。

世界上有各种各样的时钟，明克手里的这种很特殊，它要靠光信号才能工作。在火车上，信号被从车底发送到车顶。一束信号到达车顶的时候，就会有另一束信号从车顶前往车底。所以车厢当中一直会有上下穿梭的信号。我们知道光的前进速度，也知道火车的高度（也就是光信号每次需要前进的距离），所以我们就可以计算这束信号从一边到另一边要花的时间。那么我们只需要计算光信号往返的次数，就能知道时间过去了多久。

我们假设在一秒钟的时间里，光信号一共上下往返了75 000次。这个时候的火车处于静止状态，所以我们在火车外面看到的情况和明克在火车里面看到的是一样的。我们的普通时钟和明克手里的特殊时钟显示出来的时间也没有分别。

上面这幅图片和再上面的那一幅并没有太多区别，只不过火车现在开动了。对于明克来说，情况并没有发生任何改变，光信号每往返75 000次，时间就过去一秒，光束还是直上直下地来回穿梭。但是在我们看来，光束发生了变化。

因为火车现在正在以每小时100千米的速度前进，所以我们看到的光束是倾斜着上下运动的。我们过马路的时候都会选择沿着直线走，因为直着走的距离最短，比斜着走要短很多。同样，斜着运动的光要前进的距离变长了，但是光的速度又是不变的，所以光来回穿梭的时间就变长了。于是在我们看来，表上的时间实际上变慢了。在明克完全没有感觉的情况下，她感受到的时间比我们感受到的慢了一些。但是这到底是我们看到的表面现象，还是真实发生的实际情况呢？这是真实发生的情况，明克的时钟确实会走得比之前慢一些。

双胞胎的年龄相差30岁（这是真的可能发生的！）

火车或者宇宙飞船都一样，它们前进的速度越快，这种特殊时钟的时间就越慢。不过我们只有在速度相当快的情况下才能观察到这种现象，这种速度在地球上是没办法实现的。不过这并不妨碍我们设计一些疯狂的思想实验。假设地球上有一对双胞胎，分别叫作格里戈里和阿加里。在他们20岁这年，格里戈里成了一名火箭工程师，而阿加里成了一名航天员。阿加里被选中了，他要在接下来的30年当中，以非常非常快的速度在宇宙中进行探索。等阿加里再次回到地球的时候，他比出发的时候大了30岁，但是格里戈里已经变成一个彻彻底底的老人了。这是因为阿加里的时间走得比格里戈里慢。所以科幻小说里的情节是真的有可能发生的。

重量越重，走得越慢……我说的是时钟

但是速度并不是唯一一个会影响时间的因素，重力也扮演着很重要的角色。地球上的两个小时和太空中的两个小时是不一样的。科学家在制造人造卫星的时候就需要考虑到这种差别，否则我们的卫星定位系统是不能正常工作的。同样的时钟在重力比较大的地方走得会比较慢。离地球越远，重力的作用就越小。在太空当中，我们甚至完全感受不到地球的重力，所以重力对时间也就没有影响。站在摩天大楼顶楼的人就比站在这栋楼一层的人距离地球更远，所以顶楼的时钟会走得更快吗？是的！科学家进行了测量，然后发现事实的确如此。住在盆地里的人，家里的时钟走得会比住在高原的人家里的时钟慢。不过在你打定主意要搬家之前，我需要先提醒你，这种差别只有用最精密的科学仪器才能测量到，它对于我们的日常生活是没有任何影响的。

时空

速度对时间和空间都有影响，但是速度到底是什么？速度是你在一定的空间里，在一定的时间之内前进的距离，单位可以是米/秒，也可以是千米/小时，你也可以说自己在14秒的时间里跑完了100米。所以速度是由距离和时间决定的。现在，让我们再读一遍这段话的开头：速度对时间和空间都有影响。如果我们用“在一定的空间里，在一定的时间之内前进的距离”替换掉“速度”这两个字，这句话就变成了空间和时间对空间和时间有影响。空间和时间是紧密联系在一起的，时间和空间并不是两个单独的概念，而是一个——时空。它们是一个整体。

这其实是很有道理的。如果明克和她的朋友们约好一起骑车去游泳，那么她们会说定一个空间（也就是地点）以及一个时间：“我们周六下午两点钟在我家门前集合。”她们不可能只约好一个地点，因为那样的话，明克的朋友们可能要等上一整天。她们也不可能只约好一个时间，因为可能一个人跑去了市中心的广场，另一个去了学校，最后每个人都在城市的不同地方。见面的地点可以在明克家的不同方向，但是时间只有一个方向：向未来前进。她们不可能约好昨天下午三点钟在明克家集合。

谢谢你，来自赫鲁斯贝克的明克·范·代尔夫特，感谢你为我们提供的帮助。

每二次方秒9.8米

你现在是坐在椅子上还是站在房间里？也许你正躺在沙发上。但是无论如何，你都能感觉到你的体重正压在椅子上、地面上或者沙发上，这就是重力的作用。重力永远以同样的吸引力把你固定在地球表面。想象一下，你的眼睛上蒙着一块布，而且你感受不到重力了。发生了什么？你这个时候可能在太空里，因为那儿是没有重力的；或者你可能正坐在飞机上，飞机正好在下坠；又或者你刚好在一部正在快速上升的电梯里。这些都是会让你感受不到重力的情况。所以如果真的出现这种情况，你也没办法确定自己到底在哪里。

你可能会问："然后呢？"耐心一点儿，紧张刺激的还在后面呢。

汽车急刹车的时候，我们为什么会往前扑？

这个规则反过来也是成立的：你也可能在没有重力的情况下突然感受到重力的存在。这是因为有一种力和重力非常像——加速度。我们在汽车突然启动的时候感受到的就是加速度。我们好像被一只看不见的手压在了椅子上，那感觉跟重力的作用很像。汽车启动之后，如果一直保持相同的前进速度，我们就不会感受到那种压力了。如果汽车开上了一条笔直的道路，并且一直保持匀速前进，那么我们只要闭上眼睛，就根本感觉不到自己在动。这个时候如果汽车再次加速或者开始刹车，我们就会再次感受到压力。只不过在刹车的时候，我们的感觉正好相反。本来速度很快的车如果突然急刹车，车里的人会一起往前扑。所以安全带是非常重要的！（你一定要记得提醒你的爸爸妈妈也系好安全带哦！）

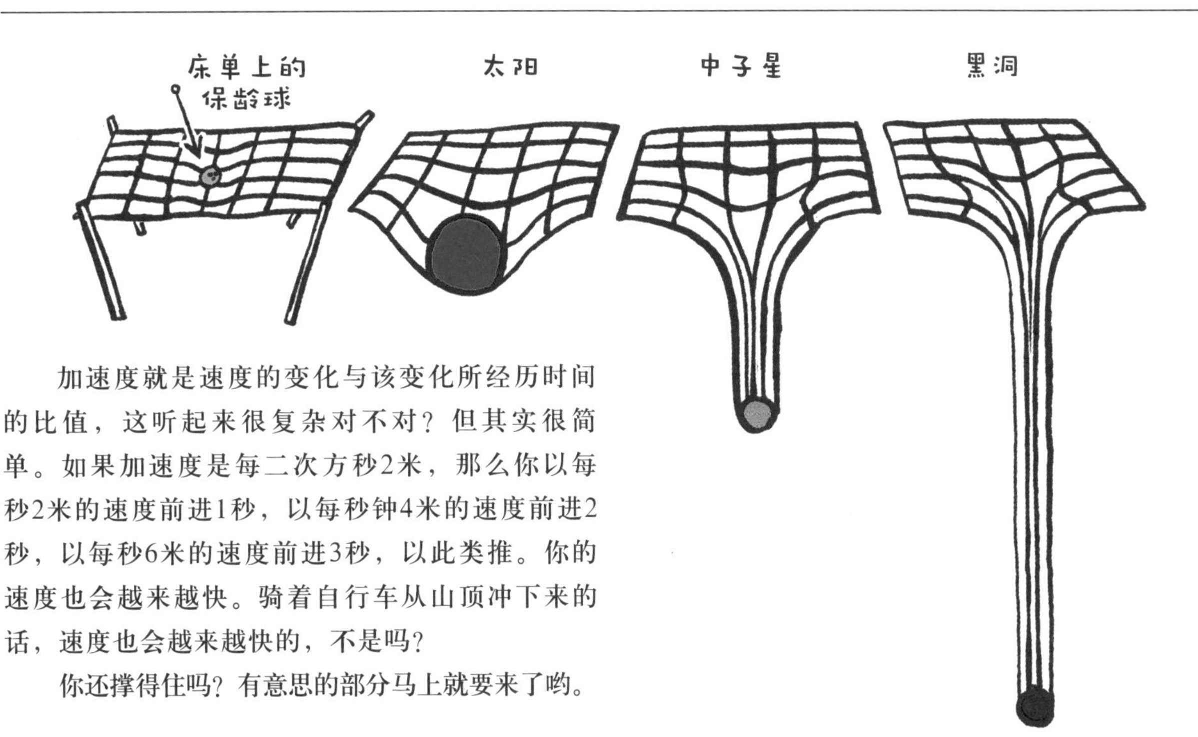

加速度就是速度的变化与该变化所经历时间的比值，这听起来很复杂对不对？但其实很简单。如果加速度是每二次方秒2米，那么你以每秒2米的速度前进1秒，以每秒钟4米的速度前进2秒，以每秒6米的速度前进3秒，以此类推。你的速度也会越来越快。骑着自行车从山顶冲下来的话，速度也会越来越快的，不是吗？

你还撑得住吗？有意思的部分马上就要来了哟。

为什么太空里的时间比地球上的快？

假设太空当中也有电梯。你站在这样的电梯里面，是感觉不到重力的。道理很简单，因为太空里没有重力。但是如果这部电梯突然启动了，以每二次方秒10米的加速度开始上升，这个时候你感受到的重力就和站在地球上一部停住不动的电梯里面差不多。这个时候的加速度和重力是完全一致的。那么问题来了，这两种力只是看起来一样吗？还是说它们根本就是同一种力？其实它们就是同一种力。地球上的重力和每二次方秒9.8米的加速度是一模一样的。

现在你应该可以理解为什么黑洞会对时间产生影响了吧？我们已经确认过，速度会影响时间。那么速度的平方，也就是加速度，也可以影响时间。而且重力本身就是加速度。

我们假设上面那几张图片里面的床单就是时间，每一个格子都代表一秒钟。床单上的东西越重，它附近的格子就被拉得越长。保龄球只会把格子拉长一点点，但是黑洞能把代表一秒钟的格子拉得很长。所以说重力越大，时间走得越慢。太空中是没有重力的，所以手表在太空中走得就比在地球上快一点点。

一条笔直的线上有133个弯

地球上的重力和每二次方秒9.8米的加速度是一样的。太空当中没有重力。离地球越远，重力的影响越小。高山上的重力就要比海面上的重力小。这是因为重力就相当于加速度，离地球表面越远，加速度就越小。在离地球足够远的地方，这个“加速度”会变成零，你也就感觉不到重力了。不止地球的重力是这样，所有体积比较大的行星、卫星和恒星的引力都是这样的。

我们的宇宙：一碗黏糊糊的肉汤

你可能已经发现了，上一页的那幅保龄球的图片看起来和第44页上的那幅非常像。我在第45页里面说的是“你也可以把引力想象成能够让空间弯曲的力量”。这句话没错，不过我们现在可以补充一句，被引力弯曲的实际上是时空，因为空间和时间实际上是一回事。

我们的宇宙并不是一个质地非常紧密的完美球体，它的表面是弯曲的，而且还是坑坑洼洼的。宇宙当中的行星、黑洞和其他巨大的天体周围不存在任何笔直的物质。来自遥远恒星的光束也是沿着弯曲的路线穿过宇宙的。光线当然不是在引力的作用下变弯的，光本身几乎没有质量。光会弯曲完全是因为空间本身就是弯曲的。

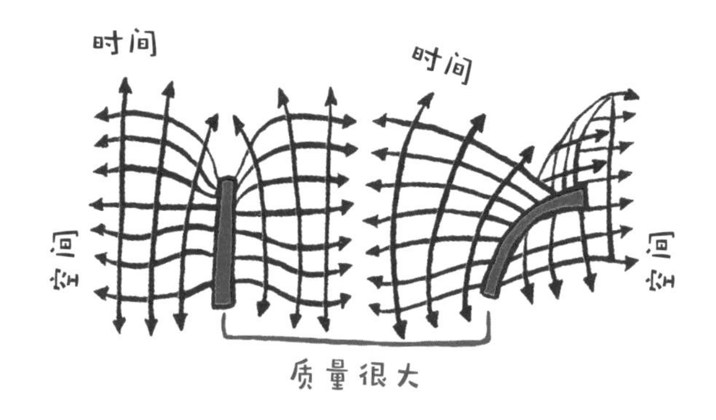

简单总结一下：

- 如果你在蒙住眼睛的情况下，突然感觉到重力消失了，那么你是没办法猜到自己的位置的。
- 如果你在蒙住眼睛的情况下，突然感受到了重力，你其实也不能猜到身边具体发生了什么。
- 重力和加速度是很相似的。
- 质量非常大的物体，比如行星、恒星或者黑洞，可以弯曲空间和时间。
- 太空里的时空是弯曲的。
- 系安全带非常重要！

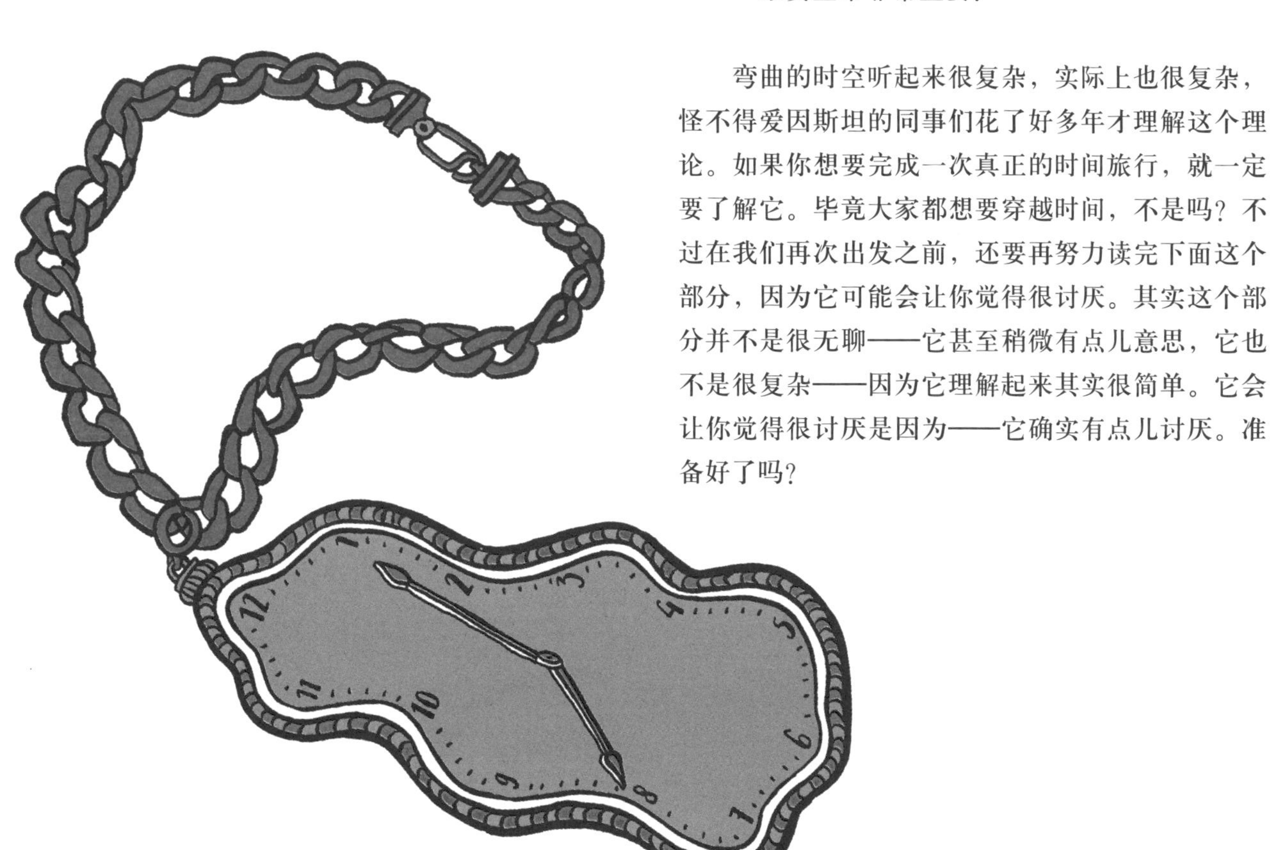

弯曲的时空听起来很复杂，实际上也很复杂，怪不得爱因斯坦的同事们花了好多年才理解这个理论。如果你想要完成一次真正的时间旅行，就一定要了解它。毕竟大家都想要穿越时间，不是吗？不过在我们再次出发之前，还要再努力读完下面这个部分，因为它可能会让你觉得很讨厌。其实这个部分并不是很无聊——它甚至稍微有点儿意思，它也不是很复杂——因为它理解起来其实很简单。它会让你觉得很讨厌是因为——它确实有点儿讨厌。准备好了吗？

这本书里第二招人讨厌的章节

欢迎来到这本书里第二招人讨厌的章节。我们赶快开始吧，这样我们就能快点结束了。准备好了吗？

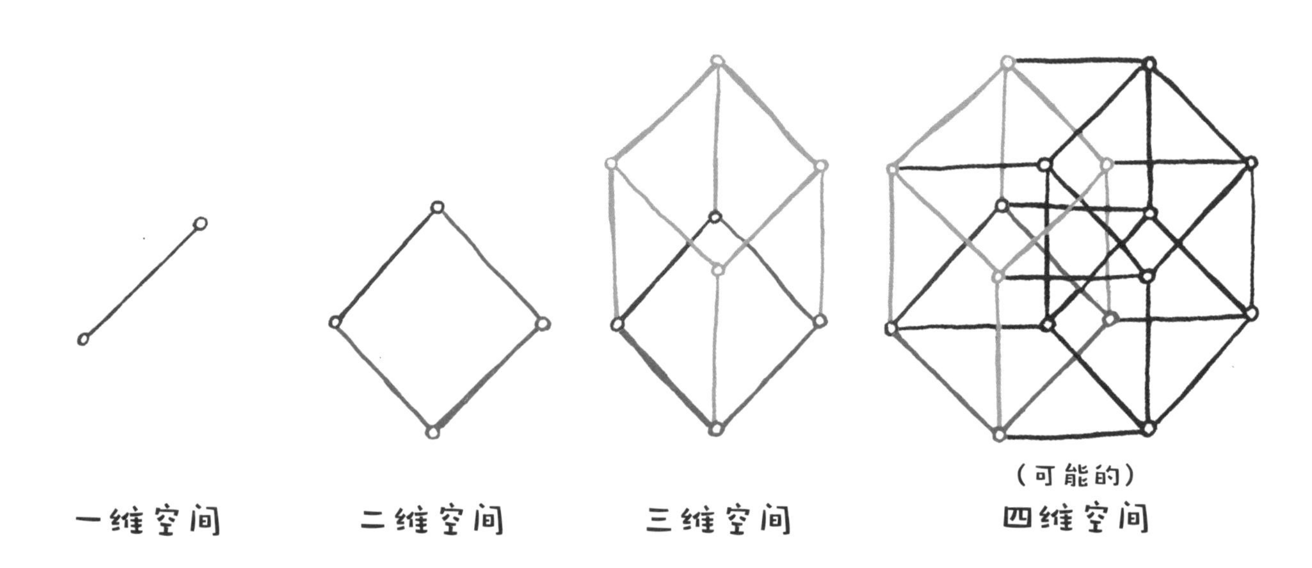

时间和空间在一起组成了时空。好吧，我们已经接受了这一点，但是这意味着什么呢？我们先来分别看一下时间和空间吧。我们可以把时间看作一条线，它从过去到现在，再到未来。我们可以把空间看作……好像只能看作空间。我们在空间里可以往前看，也可以往后看；可以往左看，也可以往右看；还能往上看或者往下看。每一个可能的观察方向都代表着一种空间，所以我们的空间是三维的：长、宽和高。空间就像魔方，这很好理解。不过接下来我们要进入爱因斯坦提出的理论了。他认为空间还有第四维：时间。而且时间之外还可能有更多的维度。你现在明白了吧，这确实是这本书里第二招人讨厌的章节。第四维也太难想象了。五维空间就更麻烦了。它们到底是什么样子？

上下、左右、前后、这什么和那什么

这种感觉就好像有人试图跟你解释一种你从来没有见过的水果是什么样子的。我们的大脑不适合理解三维以上的空间。上面的图片当中，第一幅是直线星球：————。现实中的直线星球比这条线还要薄，因为直线星球的居民只能往左走或者往右走。他们生活在一维空间里。换作是你，你会怎么向他们解释二维空间的存在？对于我们来说，二维空间就像这个方块：◇。方块星球的居民完全不能理解什么叫作高度。所以我们作为三维空间的居民是没有办法感受到什么叫作四维空间的。

时间怎么放进空间里？时间和空间本来就是

完全不同的东西嘛！如果你很着急地想去洗手间，而别人告诉你说“沿着这条走廊走到头左转，下楼梯之后进右手边第二间屋子，然后去后天”，你肯定会觉得他在逗你玩。时间看起来一点儿都不像空间。它们完全不一样。时空这个概念看起来就像是有人故意把“冷空气”和“声音”凑在了一起，或者把“疲惫”和“花生酱”变成了一个词，又或者是将“彩虹”和“台球”结合在了一起。这些都是毫不相干的东西。但是我要告诉你，时空是真实存在的。你可以把时空想象成由无数张宇宙照片组成的巨大纸堆，每一张照片都代表着时间中的一个点。只不过这些不是普通的照片——毕竟这是这本书里第二招人讨厌的章节——而是一张三维照片。

一大摞三维照片

如果时空就是一大摞叠在一起的三维照片，时间旅行就是往回退几张照片。那如果我想去未来怎么办？那些照片已经存在了吗？有些人认为未来的照片已经存在了，但是也有人认为那些照片还不存在，所以我们还不知道准确的答案。但是这个问题本身就是时间空间的一个很有趣的特点。三维空间里的我们可以在空间里自由活动，所以如果时间真的是空间的一部分的话，我们是不是也能自由地穿越时间？也许吧……

北极再往北30千米

你现在已经熬过了这本书第二招人讨厌的章节，所以我们现在要趁热打铁，讲讲我们宇宙的形状。这也不是一个很有趣的话题。现在，请你闭上眼睛，想象一下这个还在不断变大的宇宙应该是什么样子的。你有想法了吗？你是不是看到了一个不断变大的大球？只可惜事实并不是这样的。宇宙的形状要复杂得多。

我们能看到的那部分宇宙可以被看作一个球。我们之所以能看到这部分，是因为138亿年以来，它一直在朝我们的方向发射光束。光的最长旅行时间就是138亿年，因为在那之前宇宙还不存在。每秒钟，我们能看到的宇宙都会向各个方向膨胀30万千米。这还不算完，和整个宇宙比起来，我们可以看到的只是非常小的一部分。有一些科学家认为全部的宇宙应该是我们能看到的部分的250倍，但是这还没有被证实。全部的宇宙也有可能是无限大的。我们没办法确切地知道我们能看到的部分之外的宇宙是什么样子，不过我们也没有找到证据表明我们看不到的那部分和我们能看到的部分有什么明显的不同。所以我们只能推测，我们看不到的部分和我们能看到的部分应该差不多。

宇宙的周围是什么？

我们能看到的那部分宇宙是球形的，那别的部分呢？宇宙的整体到底是个什么形状？如果你今天实在没有别的有趣的事情可以做了，那么你可以深入思考一下这个问题。我们先从刚诞生的那个小小宇宙说起吧。那个小小的宇宙里面包括了一切。但是这个“一切”又都是些什么呢？我们没法回答这个问题，就像我们无法回答宇宙周围是什么这个问题一样。同样，“北极的北边是什么”这样的问题也是没有意义的。我们的宇宙之外可能有东西，就像我们的地球之外还有东西存在一样。但是就算宇宙之外真的有物质存在，我们也没办法了解到它是什么或者它长什么样子。我们这个宇宙中的很多天体发出的光已经无法抵达地球了，那么宇宙之外的东西——如果它们真的存在的话——发出的光就更不可能被我们看到了。

假设我们有一颗纯白色的弹珠，它的表面有什么？或者说，它表面的每一个点上都有什么？还是说其实每一个点上什么都没有？我们再想象一下，这颗纯白色的弹珠有地球那么大，而且表面还是这么光滑、这么整齐。然后我们走到这个巨大的弹珠上。在我们看来，它是平的，但是如果我们一直往前走，却永远走不到头。以前的人们也认为我们的大地是平的，但是如果朝着地平线的方向不停地前进，我们永远也走不到边界。因为地球是圆的，它本来就没有尽头。我们的宇宙也是这样。只不过这颗弹珠星球的表面是二维的，而太空是三维的。但是如果我们从远离这颗弹珠星球的位置去观察它，我们会发现它也是三维的，所以宇宙是四维的。

如果你打定主意要在脑海里看到宇宙的样子，就需要先想象一个没有尽头的四维空间是什么样子。在这个空间里，任何一个点都是中心。请开始吧，希望你玩得开心。开个玩笑，我可不建议你这么做，简直就是在浪费你的时间。我们还不如一起做点有趣的事情。我们要继续进行时间旅行了。我们要去的可能是宇宙弯曲得最厉害的时候。

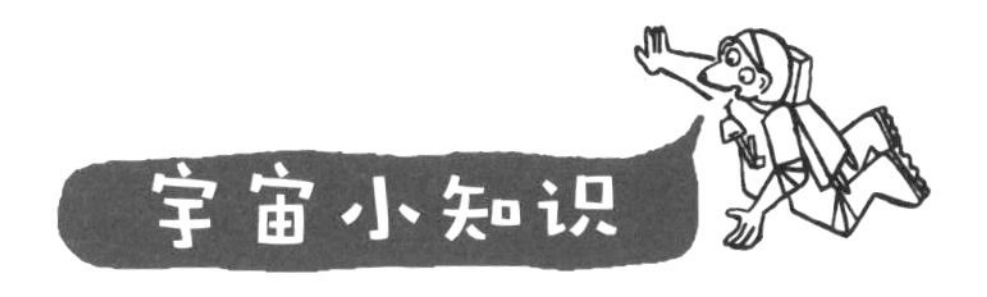

我们之所以能看到一部分宇宙，是因为它发出的光已经抵达了地球。这部分宇宙当中有很多是已经存在了130亿年以上的恒星，所以它们发出的光花了130亿年的时间才来到我们眼中。但是这并不意味着这些星星就在离我们130亿光年的地方。宇宙在不断变大，所以在这一百多亿年当中，它们早就飞远了。现在，它们应该已经到达了距离我们400亿光年外的宇宙，那是好远、好远、好远的地方。

自行车秒速700米

又到了思想实验时间了。我们假设你是一个非常厉害的自行车运动员，骑车的速度非常快。你的速度可以超过世界上任何一个骑车的人，甚至可以达到声音速度的两倍，也就是达到每秒700米。现在你已经停在起点线前面了：预备！三、二、一，砰！发令枪响之后，你开始加速，很快就超过了声音的速度。这个时候会发生什么？你超过了声音前进的速度，于是你再次听到了枪响的声音。但是这个时候，你听到的声音的顺序和刚才是相反的。“砰！一、二、三，备预！”这时如果你继续前进，就会再次听到发令枪的声音，但是这次变成了正常的顺序……这是真的，你可以去买一辆比赛自行车，认认真真地训练，然后尝试一下追上声音的速度。等你做到了，你就会发现——不对，应该说听到——这是真的。

对不起啦，爱因斯坦先生

接下来我们要做的这个思想实验可能会让爱因斯坦先生很生气。我们要做的事情和刚才的思想实验一样，只不过这次我们骑车的速度需要达到光速。完成魔鬼训练之后，你已经可以超过光速了。（对不起啦，爱因斯坦先生，我们真的只是想做个实验而已。）于是你追上了光，还超过了它，然后看到了已经发生的事情以相反的顺序开始再次发生。我们骑车的路线是一个圈，所以在你绕圈的时候，会看到所有事情又发生了一遍，只是顺序颠倒了。等你骑完一圈，就会回到你出发的地点，这时你会看到刚才从这里出发的你自己！你甚至可以选择和刚才的自己握个手。这就是真正的时间旅行。只要你可以超过光速，就能回到过去。这个方法只有一个很小的缺陷，光速是最快的，所以我们不可能超过光速。如果你想尝试用这种方式回到过去的话，我要很遗憾地通知你，你一定会失败的。

时间旅行

既然我们不可能超过光速，那我们又为什么要进行刚才这个思想实验呢？我是这么考虑的，即使我们没有办法比光更快，那我们有没有可能抄近道呢？如果我们成功了的话，就不需要比光跑得更快了，因为我们会比光先到，只需要在那里等它就可以了。怎么才能找到这条更快的小路呢？我们可以利用太空中的那些弯曲的部分。如果你突然想吃曲奇饼干，那么你是会绕一个大圈跑进厨房，还是直接跑到曲奇罐子旁边去呢？你这么聪明，肯定选择直接跑过去对不对？因为直线跑过去是最快的。我们之前讲过，空间在恒星、黑洞和其他质量很大的天体周围会发生弯曲。所以光在这些大家伙旁边也会沿曲线前进。现在重点来了：如果我们选择一个和光相同的终点，但是直接沿着直线到达这个终点，是不是就能比光更早到达那里？

这种能让我们比光更快抵达终点的路线叫作虫洞。这个名字听起来有点儿奇怪，但它其实很有道理，因为它的原理和虫子在苹果里面打洞是一样的。如果这是一只聪明的虫子，那么它会沿着直线从苹果的一边打一个洞，然后从苹果的另外一边穿出来。这样，它需要前进的距离就要比它沿着苹果的表面爬到另外一边要短了。当然了，我们所说的虫洞是一个时空隧道。科幻小说和科幻电影非常喜欢使用虫洞，因为虫洞是时间旅行的可靠手段，毕竟靠谱的方法一共也没有几个。但是虫洞真的很难找，可以说是极其难找了。而且就算我们能找到虫洞，我们的飞行速度也要非常快才行，否则光还是会比我们先到。最重要的是，虫洞随时可能塌掉，如果它崩塌的时候你刚好还在里面，那结果可就不怎么美妙了。虫洞只能存在很短的一段时间，所以它崩塌的概率还是挺高的。虫洞的出现需要非常大的质量，于是它看起来就好像是一层非常厚的水泥墙壁一样。穿过水泥墙这种事，听起来就不可能实现对不对？还有一点，我之所以把它留到最后，是因为它最难解决：我们其实并不确定现实之中是不是真的存在虫洞。不过我可以向你保证，虫洞真的是时间旅行的最好方法！

永远年轻

旅行去未来也是可以实现的，毕竟我们每秒钟都会朝着未来的方向前进一秒，只不过我们希望能把步子再迈大一些。引力非常大的地方时间会变慢，这一点我们已经学习过了。我们可以开着宇宙飞船到黑洞的边上待上几个小时。不过我们不能靠得太近，被黑洞吸进去可不是什么好玩儿的事情。我们找了一个安全的地方，既不会被它吸走，也不会因为离它太远而让黑洞的引力失去作用。几个小时之后，我们开着宇宙飞船回家，发现这里已经过了很多年。我们错过了地球上发生的很多大事。不过你看起来比你的小伙伴们年轻很多。用这个办法保持年轻，绝对比抗衰老的面霜好用多了。现在我们要做的，就是找到这么一个离我们不太远的黑洞。

再次警告！

重要提醒：如果你真的打算回到过去，记得不要改变任何事情！绝对不要回到昨天去拜访你自己。因为昨天的你并没有见过未来的自己，如果你去了，就代表一定有什么问题，否则今天的你肯定会记得昨天的你见到了未来的自己。

考你一下：未来的某一天，你发明了一台时间机器，然后用它来到了此时此刻，给现在的你详细解释了制造时间机器的方法。那么到底是哪一个你发明了这台时间机器呢？

还有一道题：未来的你突然出现，把这一刻的你掐死了，而且你也死透了。但是问题来了，那个来自未来的、把你掐死的你不就不存在了吗？这怎么可能呢？

最后一个问题：你回到了一分钟之前，找到了自己，现在世界上同时存在两个你了。那多出来的那个你的身体里的分子都是从哪里来的呢？

更重要的是，回到过去要往哪边走呢？宇宙正在不断地变大，银河系也在不停地运动，所以过去的地球肯定不在它现在所在的这个位置。我怎么知道应该在哪里下车？

这些都是很麻烦的问题。但是有一点我们已经可以确定了：时间旅行会造成很多麻烦。我们现在还只是在脑海里进行时间旅行，真实的情况肯定更糟糕。

— 第四部分 —

天才的疯子、荒唐的实验和奇异的发现

卡罗琳·赫歇尔

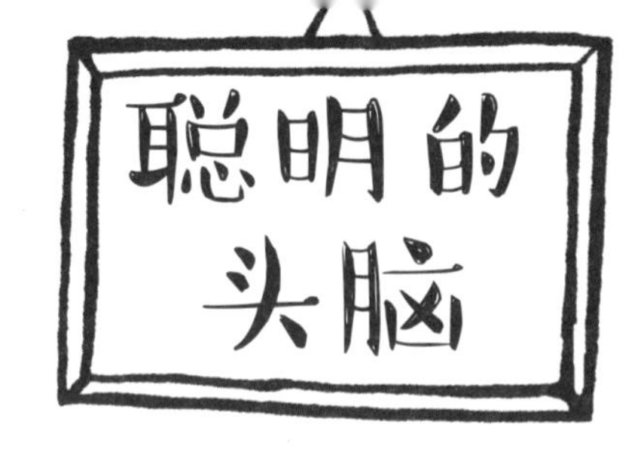
聪明的头脑

克罗狄斯·托勒密

阿尔伯特·爱因斯坦

钱德拉塞卡

阿尔哈曾

扬·保罗

我可以出发了吗
玛雅人

别从下面拍!

特蕾丝·汀斯丽

第四部分

阿尔伯特·爱因斯坦的研究让我们对宇宙有了更多的了解，只可惜他已经在1955年去世了，也没办法继续发表新的研究成果了。幸好，他并不是地球上唯一的天才。除了他之外，还有很多非常聪明的人，都曾经或者正在努力地研究宇宙的诞生和成长。这些天才的科学家在过去的时间里进行了很多研究和实验，也“解锁”了很多宇宙的秘密。

顺便问一句，看到这里，你是不是觉得宇宙挺奇怪的。你的感觉是对的。但是我们还没讲完呢，这个世界比我们想象的要奇怪得多。

1+1=3

到目前为止，我基本上都能把事情解释清楚。有些问题我也不知道怎么解答，比如暗物质和暗能量是怎么产生的，但是这本书里的其他内容都是我们可以看到、可以计算或者能通过逻辑严密的思考理解的。如果一种物质既可以被看到也能被计算并且通过思考验证，那就是最理想的情况了。接下来的内容就不是这样了。我们要开始进入量子力学的领域。它是物理学的一个部分，主要研究那些很小的粒子的运动。

量子力学有一个说法：如果你觉得明白了，那么你就没有明白。接下来你要读到的这部分内容是不讲逻辑的。我没有办法给你解释事情为什么会这样，而且不光是我，几乎没有人能解释清楚它是怎么发生的。在量子力学当中，一加一有的时候可以等于三。爱因斯坦自己都觉得这是不可能的。只不过就算爱因斯坦，偶尔也会有出错的时候。这是真的可能发生的。我们可以确定它是事实，我们只是不知道它为什么会发生。所以请你一定要集中精力好好阅读。

粒子有的时候就像任性的孩子

我们日常用的电池里面有很多能量。如果我们只研究其中一个能量粒子，那么我们研究的就是一个“量子”的能量。一束光当中有很多个光子，但是光的量子就只包括一个光子。量子其实就是粒子，力学是研究物体运动的学科，量子力学就是研究微观粒子运动的学科。这些粒子可一点儿都不乖巧，它们就像是任性的孩子，而且比任性的孩子还要夸张。我们先来看看这些捣蛋鬼里面最讨厌的那一个吧，它就是光子，一个微小的光的粒子。如果你非常非常认真地读了这本书，可能已经发现了，有些事情似乎不太对。（如果你确实发现了这一点，我个人建议你直接去上大学。你可以来找我，我会给你写一封很棒的推荐信。）

把声音抓在手里或者
把光放进盒子里存起来

我们刚刚说了，光子就是光的粒子。但之前我们也说过，光子会组成波，就像无线电波和微波一样。波又怎么会是粒子呢？波就是波动，有高峰也有低谷，和声音一样。你可以找一个喇叭，把声音调大，然后把手放在上面，那么你就能感觉到你的手在不停地振动。但是我们不可能把声音抓在手里，因为那是声波。我们也不可能把声音关到一个纸箱里面存起来。但是我们可以把粒子存起来。石头是粒子组成的，所以我们可以把它拿在手里，然后带回家放进盒子里。如果你一个不小心把它扔了出去，它又一个不小心打破了邻居家的窗户，那它飞行的轨迹也是一条线，而不是上下起伏的波浪。

有些东西可以被放进盒子里收起来，有些东西不能被放进盒子里收起来，这就是波和粒子的区别。那么问题来了：光子到底是粒子还是波？如果我们用手电筒照亮一个盒子的内部，那么光子就能进入这个盒子，所以光子应该是粒子对不对？可是我们只能把光照进盒子里面，不能像把石头或者乳牙放进盒子一样，让它们一直待在里面。而且如果我们让两块石头、两个乒乓球或者两粒沙子撞在一起，它们会朝两个相反的方向飞出去，但是两束光会直接穿过彼此，就像波一样。所以光子应该是波才对吧？是，也不是。光既可以像粒子一样，也可以像波一样，而且这一切可以同时发生。

我早就说了，这些量子粒子都是捣蛋鬼，而且我们才刚刚开始了解它们。

一辆能同时通过两条隧道的车

宇宙曾经也只有一个量子那么大而已，所以只要我们能弄清量子运动的规律，就能知道宇宙在刚诞生的时候是怎么运动的。接下来，让我们进入这些微观粒子的世界，从一个非常著名的量子力学实验开始。

这幅图向我们展示了波纹的运动规律。贝丝小宝贝在浴缸里制造出了很多波纹，它们通过这个小洞之后变成了很好看的弧形。光子也一样，它们的运动轨迹也是好看的弧形。

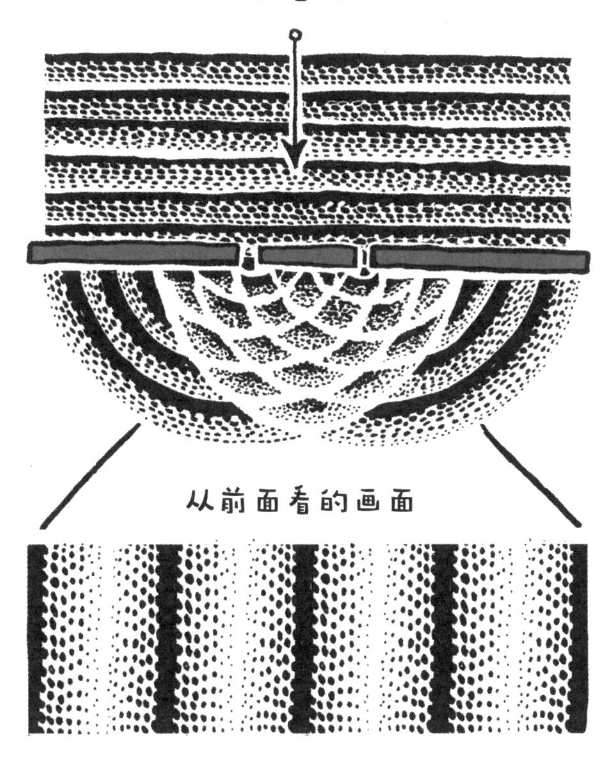

如果一个小洞变成了两个，那么水流就有两个可以通过的地方了。所以分别从两个小洞进入浴缸另一边的水流开始互相影响。在两种波纹相遇的位置，原本弧线比较高的地方现在更高了——右边的这些比较浅的点就代表水波弧线特别高的地方——弧线比较低的地方现在也更低了。光子的运动方式也是一样的。如果我们让一群光子通过两个非常小的洞，那么我们看到的情况是一样的，有一些部分会变得比较暗，另外一些会变得比较亮。

撞到自己身上

这个实验到目前为止都没有任何问题。但是第一次完成这个实验的科学家并不满意，他们又把两个小洞的实验做了一次，但是这次，他们每次只放出一个光子。光子只有一个，所以它在同一时间只能穿过一个小洞，它也就没有机会和其他光子发生碰撞了，而且它还要选择从这两个小洞之中的哪一个穿过去。这个实验的结果如何呢？光子的运动还是和波一样。就像那些互相干涉的波一样，弧形高的地方变得更高了，低的地方变得更低了，看起来就像有好多光子撞在了一起一样。但是这是不可能的，因为科学家只释放了一个光子。

“中级”的无法解释

为什么一个粒子也能像波一样运动？它到底撞在了什么东西身上？一个光子是不可能同时通过两个小洞的，但是实验结果又确实是这样的。科学家重复了无数次，都得到了同样的结果。这就好像有一辆车同时通过了两条隧道，然后撞在了它自己身上。

这实在太奇怪了，但是这还只是“初级”的无法解释，更奇怪的还在后面。我们还可以用电子或者原子做同样的实验。你猜我们会看到什么？结果完全一样！但是电子确确实实只是粒子呀！原子更是一样！但是它们有的时候确实会像波一样运动。更奇怪的是，有一些分子也能做到这一点。接下来，让我们一起进入“中级”的无法解释的世界。

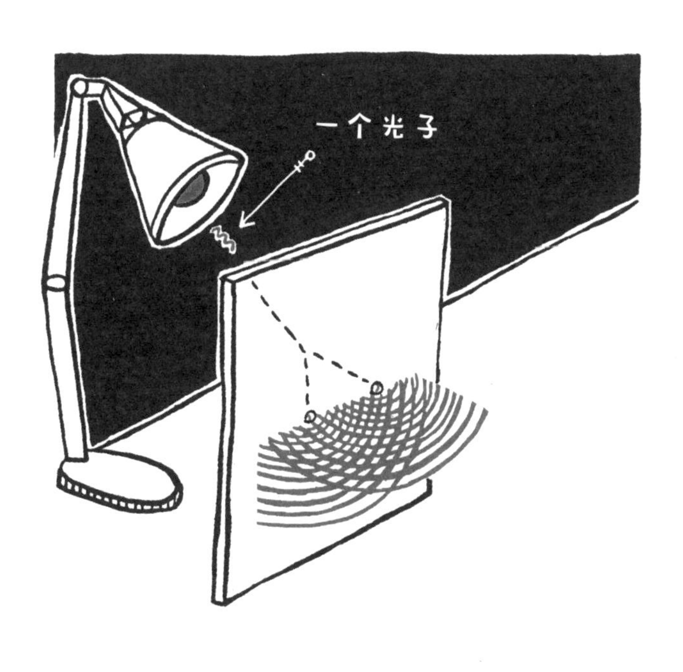

跨越100光年的对话

接下来这个实验和刚才的小洞实验完全不同，这个实验是关于“量子纠缠”的。你可以让两个粒子纠缠在一起，然后它们就会保持一种神秘的联系。它们之间可以即时传递信息，甚至在被分开之后也仍然可以保持这种联系，但是它们转动的方向完全相反。如果我们让其中一个粒子顺时针旋转，那么另外一个粒子就一定会开始逆时针旋转。更奇怪的是，这些粒子本身也有神秘的能力。光子可以在像粒子一样运动的同时也像波一样运动，而这些粒子可以在顺时针旋转的同时逆时针旋转（我知道，这听起来根本不可能）。只要科学家拿起仪器准备测量它们的运动，这个小东西就又开始乖巧地只朝着一个方向旋转，另外一个粒子也会在同一时间开始朝着相反的方向旋转。

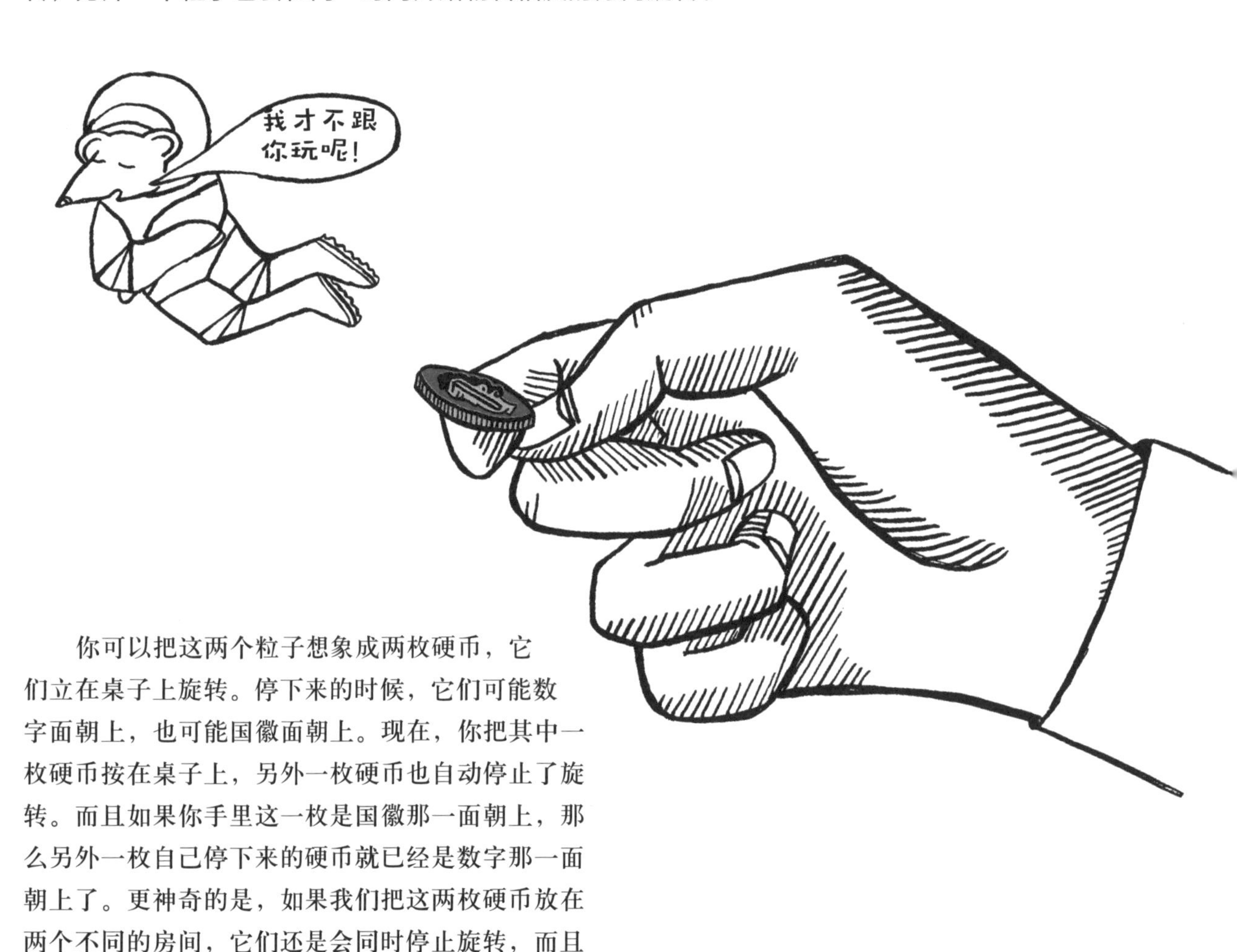

你可以把这两个粒子想象成两枚硬币，它们立在桌子上旋转。停下来的时候，它们可能数字面朝上，也可能国徽面朝上。现在，你把其中一枚硬币按在桌子上，另外一枚硬币也自动停止了旋转。而且如果你手里这一枚是国徽那一面朝上，那么另外一枚自己停下来的硬币就已经是数字那一面朝上了。更神奇的是，如果我们把这两枚硬币放在两个不同的房间，它们还是会同时停止旋转，而且朝上的那一面一定不一样。它们之间的距离不管有多远——100米、100千米或者100光年——结果都是一样的。（是的，我知道，这真的非常奇怪。）

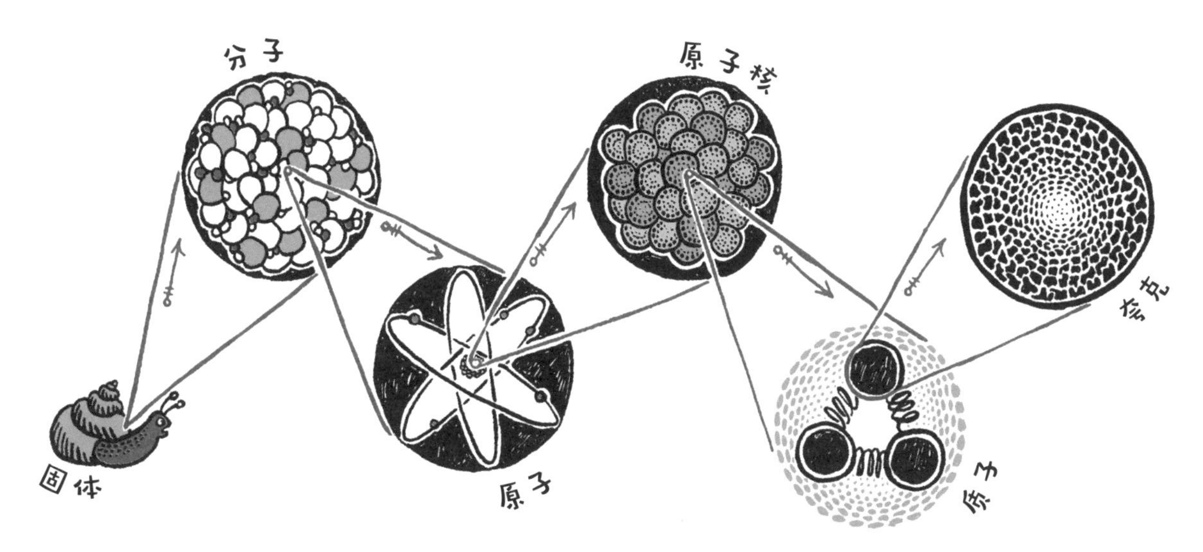

比光还快

如果我们把其中一个粒子留在阿姆斯特丹，把另外一个粒子送到月球上或者另外一个星系，结果都是一样的：这个粒子顺时针旋转的时候，另外一个粒子一定会在同一时间开始逆时针旋转。看起来就像另外一个粒子知道这个粒子想做什么一样。它们之间的距离完全不会对这种能力产生任何影响。它们是不是能够偷偷地聊天儿？或者它们是不是可以把消息发给对方？确实是这样的，它们发消息的速度非常快，比光速还快。可是我们不是说好了嘛，光速是最快的！现在我们已经进入了“高级”的无法解释的世界。（你可能也想问，科学家是怎么把另外一个粒子送到其他星系去的。其实他们并没有真的这么做，但是他们经过认真地计算，发现这是一定会发生的情况。我们在地球上进行的所有实验也证明了这一点。）

奇怪之所以会奇怪是因为它是正常的

量子力学领域奇怪的事情还多着呢，很多实验的结果简直都不能用“‘高级’的无法解释”来形容，基本上就是“我不相信，你肯定在胡扯”这种级别。但是对于这种级别的实验，并不是所有科学家都认为它们是符合科学原理的，也有些科学家认为这些实验的结果并不是完全可靠的。我们先假设这些结果都是可靠的，那么这些小家伙的世界就比我们想象的要疯狂得多。而且就算这些结果不可靠，科学家已经确定的那些事实就已经足够荒唐了。这就说明这些粒子的行为和我们每天在生活中看到的规律都不一样。但是在量子力学的世界里，这些行为居然都是很正常的。所以在那个世界里，它们突然乖巧起来才是最奇怪的事情，比如如果光子突然规规矩矩地做一个粒子，一点儿都不像波了，那可就要翻天了。

再过几年，我们可能就会知道更多关于这些疯狂而又普通的粒子的量子特性。到那时，我们没准儿已经开始用上量子计算机了，它可要比我们现在的普通计算机强太多了。

爱因斯坦在一百多年前就尝试过通过计算找到宇宙的规律，他希望通过这种方式预测电子和原子这些微观粒子的运动。那些不理解他的人可能会问：“然后呢，你的这些研究结果都能做什么？”一百多年之后，我们已经知道了，他的研究可以帮助我们制造出量子计算机，然后让我们的生活变得更加美好。

我们永远都无法预测科学发现能给我们带来一些什么，这就是科学的魅力。

一个长达27千米的实验室

所以我们的世界真的很神奇。在量子世界里，一个粒子也可以是波，它还能同时穿过两个小洞。你可能还记得，我们之前说过，电子和夸克都是非常非常小的，那么这么小的东西为什么会有质量呢？为什么这么小的电子也有不能通过的地方呢？还有能量。能量可以变成质量，质量也可以变成能量，另外还有暗能量。为什么我们的宇宙里面70%都是能量？我勉强可以想象由一个原子、分子和其他粒子填满的世界，但是能量又是怎么组成宇宙的？

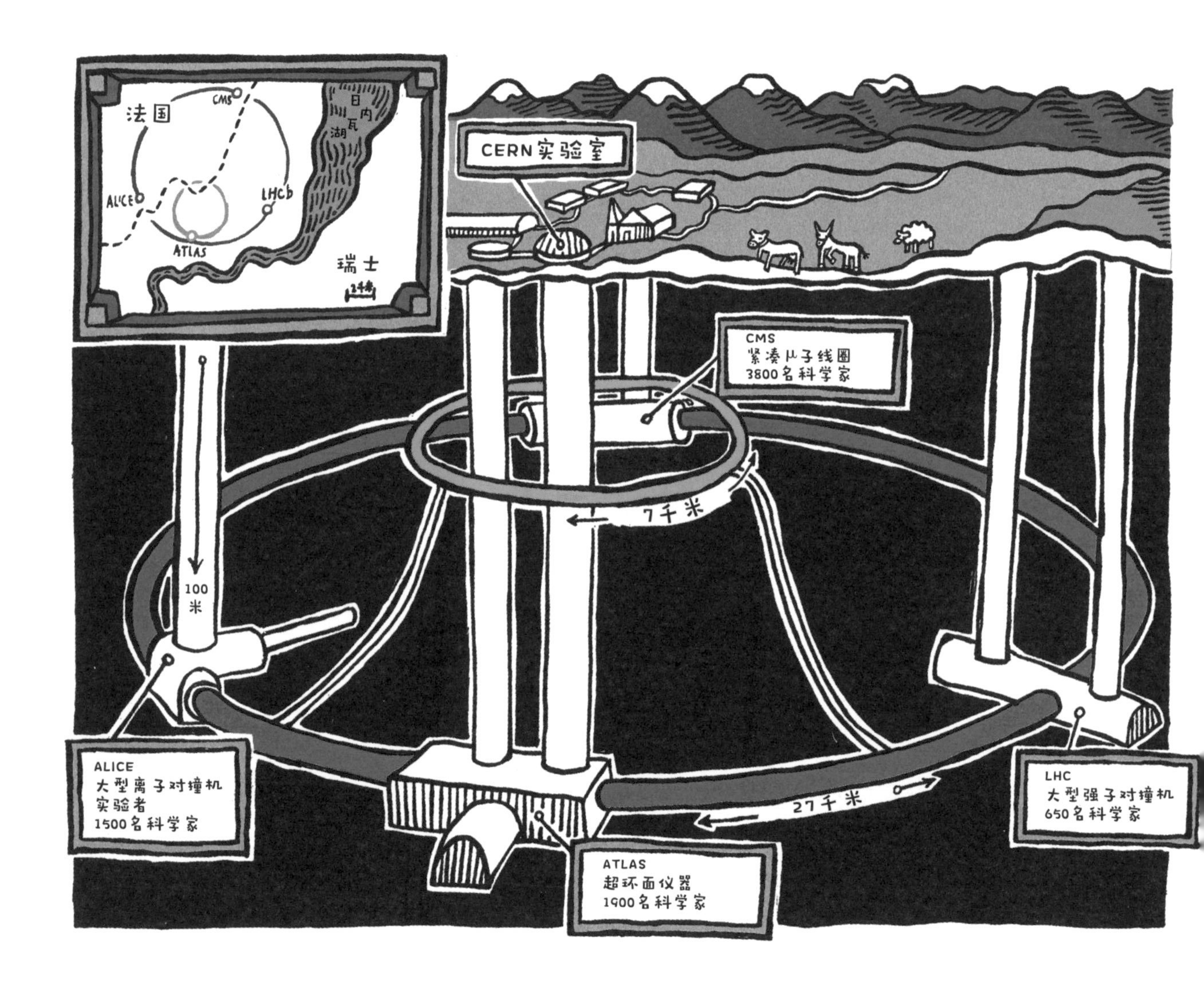

也许我们现在应该认真地总结一下我们已经确定的事情，然后再讨论宇宙是由什么组成的。因为刚才我们看到的这些问题实在太复杂了，我们可能解决不了。也许我们认真总结一下就能发现一些能帮助我们理解的东西呢。我知道谁能帮到我们了。

两种天才

如果想破解宇宙的秘密，你需要两种不同类型的天才。第一种是喜欢思考、推理和计算的人，他们能够推测宇宙运行的规律和它的样子。另外一种天才更擅长实验，他们负责验证第一种天才提出来的理论。我们可以用警察的工作来打个比方。在上面这幅插图里，我们首先需要一位警探，他可以通过理论来推测屠夫是不是这起案件的凶手。然后实验员就可以通过各种不同的检测验证警探的推测是否正确，比如屠夫手里的刀上到底有没有死者的血迹。

所以科学家也分为两种。第一种抱着他们的草稿纸和电脑思考宇宙的谜题，另外一种喜欢在实验室里通过实验证明这些理论家提出来的假设。在瑞士就有这么一个实验室。那里的科学家每天研究的就是这些微小的粒子。这个研究室叫作“CERN”，也就是“欧洲核子研究组织”。这个组织的工作人员并不负责解决犯罪案件，而是研究原子核里面的那些微小粒子是怎么运动的。他们的工作有的时候也有点儿像警探，因为如果不仔细地观察和寻找，有些粒子真的很难被发现。

为了研究最小的粒子而建立的最大的实验室

最有意思的是，人们为了研究这些最小的粒子，建立了世界上最大的实验室，它的面积甚至超过了一个小型的城市。欧洲核子研究组织的实验室中，大部分都是粒子加速器。它是一条长达27千米的隧道，各种量子和粒子可以在这个通道里以非常快的速度撞在一起。你可能在电视上看到过两辆汽车撞在一起的样子，汽车零件会飞得到处都是，小小的粒子相撞也会出现同样的情况。科学家的目的是让这些粒子以超级快的速度撞在一起，快到粒子都会被撞散。这样我们就能知道这些小小的粒子是不是还可以分成更小的粒子了。

他们可以把质子加速到每秒绕着整个隧道转11000圈，也就是每秒转11000个27千米。在同一时间，另外一个粒子正在以同样的速度朝反方向旋转。最终，两个粒子会撞在一起。科学家会测量这次撞击的各项数据，然后拍摄很多照片，继续研究撞击之后产生的更小的粒子。

这个过程听起来非常刺激，但是结果到底是什么呢？

这本书里最重要的13个字

欧洲核子研究组织的研究让我们对这些粒子有了一个比较全面的了解。粒子的种类要比我们已经介绍过的多很多，光是电子就有3个不同的种类。除了普通的电子之外，还有τ子和μ子。它们的运动方式和电子一样，但是质量要比电子大很多。另外还有6种不同的夸克，和其他不同种类的粒子。

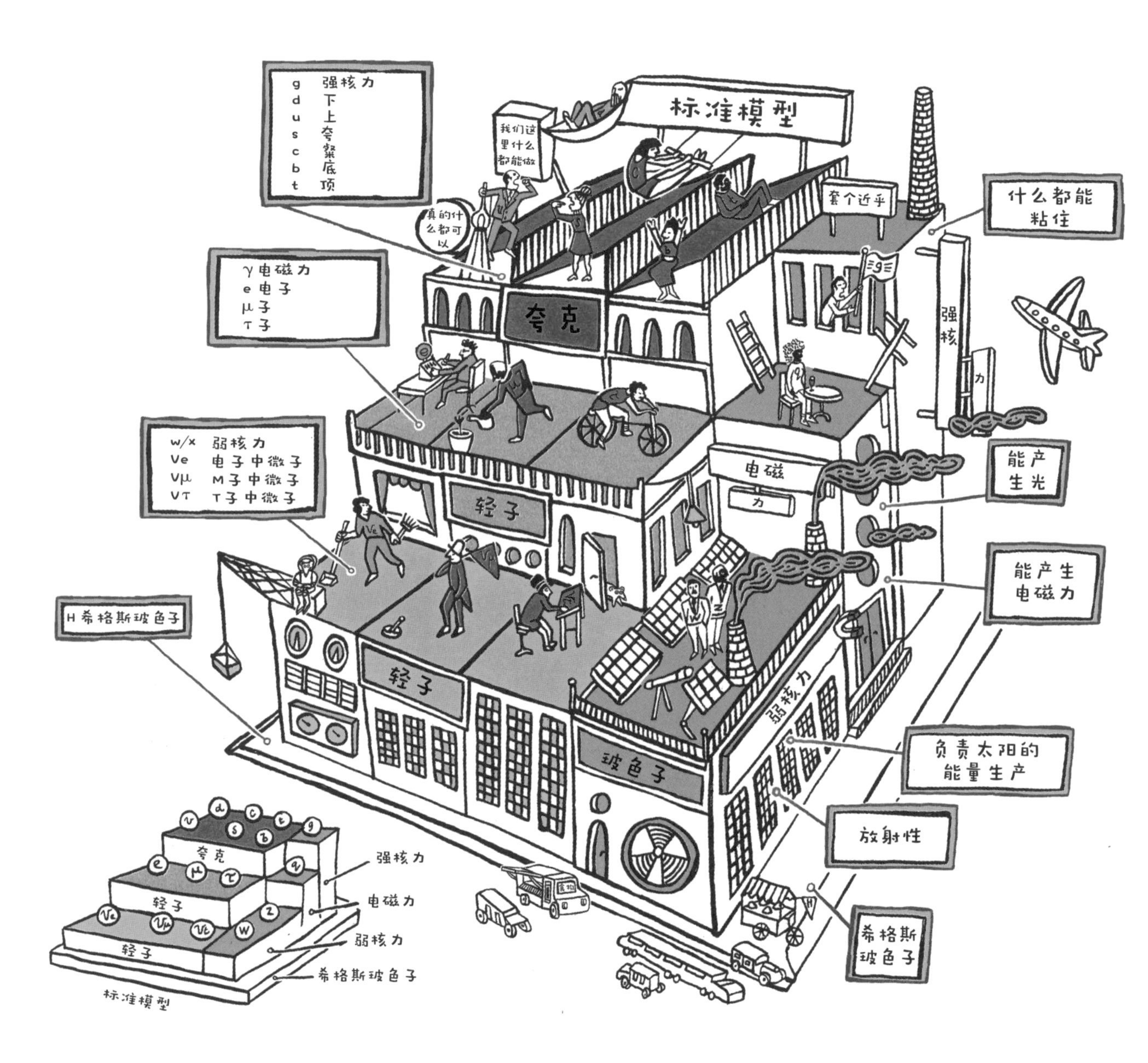

但是这些粒子都有一个共同的特点，它们的质量都太小了，这是非常不合理的。它们的质量不应该这么小。所以有的科学家开始思考另外一种粒子存在的可能性。这种粒子负责的就是质量的部分。这种理论在几十年前就出现了，但是直到最近几年才被证实。这种粒子确实存在，它叫作希格斯粒子，学名是希格斯玻色子。

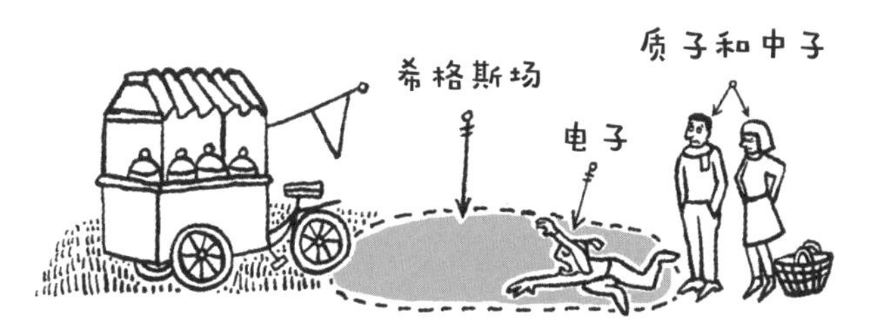

一种能让所有东西变重的无形力量

看完上面这段话，你可能会觉得希格斯玻色子应该很重。但其实并不是。它本身并不重，但是可以让其他粒子变得很重。我们可以把它想象成冰激凌车。上面这张图里，小宝宝和他的爸爸妈妈都不太重，但是因为这里停了一辆冰激凌车，而小宝宝喜欢吃冰激凌，所以爸爸妈妈要花好大的力气才能把这个撒泼打滚要求吃冰激凌的小宝宝从冰激凌车旁边带走。别忘了，质量就是让某件东西动起来需要的能量。你是不是觉得这个例子更生动了？质子和电子本身都不是很重，但是希格斯玻色子能把它们变得很重。光子的移动速度太快了，希格斯玻色子根本没办法对它们产生任何影响，所以光子能保持几乎没有重量的状态。

上面这张图里的爸爸妈妈并不是因为他们的宝宝爬到了他们身上才变重的。这个小宝宝根本没有碰到他的爸爸妈妈。如果他真的就在爸爸妈妈身边，那么他的爸爸只需要把他抱起来扛走就可以了。希格斯玻色子也是一样，它并不会接触到其他粒子。它更像是一块磁铁，能够散发一种看不见的力量，让其他粒子获得额外的质量。这种看不见的力量的活动范围被称为“场”。所以磁场也是一个空间，磁力能在这个空间里吸引铁块。希格斯场就是希格斯玻色子能够影响其他粒子的范围。

你到底是由什么组成的？

重点来了，这可是本书的重要的知识点。知道这一点后，一切就都清楚多了，比如为什么能量也是质量，或者为什么一些无限小的东西也能有质量。这个知识点能够解释我们看到的一切都是由什么组成的。请先深呼吸一次，你马上就会读到这本书里最重要的13个字。吸气，呼气，来了哟——

宇宙中的一切都是由场组成的

宇宙并不是由一些固定的部分组成的，你不能把它们抓在手里研究，测量它们的大小，或者观察它们的形状或者颜色。这种可以拿在手里的东西在原子、夸克和其他微小粒子的世界里是不存在的。一切都是由场组成的。那些看不见、摸不着的力量在宇宙的各个角落互相影响、互相牵制。因为我们目前了解到的最小的粒子叫作量子，所以这种场就叫作量子场。这些场又有各自的特点，然后组成了我们的世界。所以宇宙其实就是一片汪洋大海，只不过这片太空海并不是由水滴、海草和鱼组成的，而是完全由量子场组成的。

是不是很奇怪？所以你的身体其实不是由粒子组成的，而是由一些看不见的质量-能量场组成的。它们联系在一起组成了你。你四周的一切也是一样。你能想象吗？有一些量子场会像能量一样运动，还有一些会像粒子一样运动。所以我们仍然会保留这些能量和粒子的名字，虽然现在我们已经知道，它们都是场。

让我们继续解谜吧！

我们还没谈到，而且也找不到答案的两个问题

一旦我们接受一切都是由场组成的这一点，宇宙其实就又变得容易理解了。怪不得电子那么一个小小的粒子也会被挡住，因为场并不是无限小的存在。而且既然它们都是场，能量可以变成质量，质量也可以变成能量就不奇怪了。它们都是场，只是运动的方式不一样而已。那些可以像波一样运动的粒子变得更合理了。原来量子力学也没有我们想象的那么荒唐。虽然我们不能完全理解量子世界发生的所有奇怪事件，但是我们已经可以解开其中的一些谜题了。先别急着庆祝，还有更多的谜题在等着我们呢。

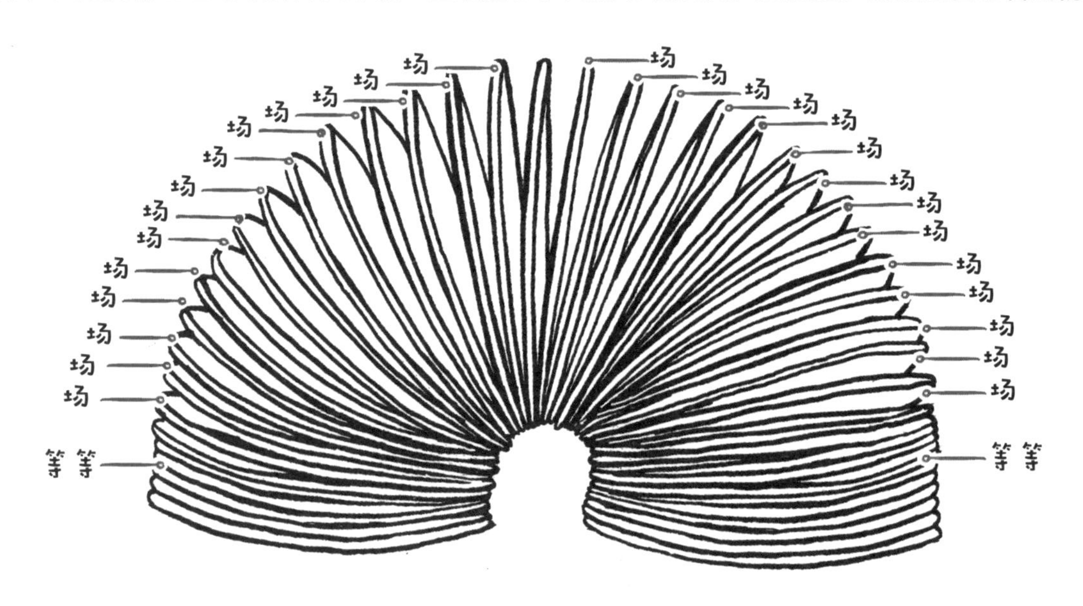

宇宙的形状

一些我们之前遇到过的问题还没有得到解决，它们也和场有关系，比如宇宙的形状。虽然我们之前讨论过这个问题，但是并没有完全解决它。请你先思考一下下面这个问题。如果我们拥有超级好的视力，那么当我们看向天空，一直看到宇宙的最深处时，我们实际上是在看向过去。如果宇宙像玻璃一样是完全透明的，那么只要我们的视力够好，应该就可以看到大爆炸的场景。如果你换一个方向看，还是可以看到大爆炸的。不管你把头转向哪里，你看到的都是同样的场景。那么宇宙到底是什么形状的？反正我是想象不出来的。宇宙刚刚诞生的时候就是无处不在的，现在也仍然是无处不在的。所以不管你朝哪个方向看，都能看到大爆炸的景象。

虽然我们无法想象宇宙具体的形状，但是我们仍然可以讨论它是怎么被组合在一起的。我们的宇宙可能和地球一样，都是球形的。如果你足够强壮、足够有耐心，那么不管朝着哪个方向走，都一定能走回你出发的地方。宇宙应该也是一样的。如果我们能活很久的话，那么只要我们在宇宙当中一直保持前进，就一定能回到我们出发的地方。如果你突然出现在你朋友的身后，肯定能吓他们一跳。如果有人和你一起出发，而且你们两个要去的方向保持同样的角度，那么地球或者宇宙的弧度会让你在一段时间里看不到这个人，但是他始终都在那里，之后也会回到你的视线当中。

像一条弧线那么笔直

我们的宇宙也有可能像大号这种乐器一样，是向内弯曲的。那么你越往前走，弧度就越大。而且你永远不会回到你出发的地方。如果还是有人和你一起出发，你们之间还是保持同样的角度，那么这个人会离你越来越远的。还有一种可能，我们的宇宙是笔直的。那个和你一起出发的人会一直和你在一起，你们两个之间永远都可以保持一米的距离。这种可能性被物理学家称为“平坦宇宙”。但是他们其实不应该给这种可能性命名。我们不是说过了嘛，宇宙是四维的，四维宇宙怎么可能是一个笔直的平面呢。

更有趣的是，如果你学过中学数学，而且手头又刚好有一张婴儿时期宇宙的照片，那么其实你自己就能计算宇宙的形状。你猜结果是什么？宇宙真的是平的。准确地说，也不是那种笔直的平面，只不过物理学家们把它称作“平面”而已。我们的宇宙并不是弯曲的或者弧形的。你可能意识不到这个发现有多重要。你可以去找一张很大的纸，在上面画一条一米长的笔直的线。我们假设这条线可以无限延长，长到可以到达距离我们最远的星系。就算我们努力地保证它在延长的时候还能保持笔直的状态，但是只要我们在这个过程中有一点点不小心，它所造成的结果都会被这么长的距离无限放大。到最后，这条直线肯定会变成一条弧线的。

宇宙诞生的时候还非常小，所以它在那个时候一定还是笔直的，否则现在的宇宙肯定已经弯得不成样子了。我这么说你可能很难理解。你可以想象一下打保龄球的场景。如果我们在扔球的时候没有用力，那么只要保龄球在脱手的时候有一点点倾斜，它很快就会滚到跑道外面。宇宙就像是一个滚动速度非常慢的保龄球，它几乎是沿着一条直线在前进。不过要想做到这一点，我们的保龄球技术要非常好才行，还是说这颗“保龄球”的滚动速度其实挺快的？

为什么宇宙各个部分的温度都是一样的？

这是个好问题。我们之前说过，在婴儿时期的宇宙里，各个部分的温度只相差几百万分之一摄氏度。如果把你们家燃气灶的火苗放大到宇宙那么大，那么它们之间的温度差异肯定会非常非常大。毕竟一根小火柴上的火苗的各个部分的温度都是不一样的。但是宇宙各个部分的温度确实差不多是一样的。这也太奇怪了。就像它们都约好了要保持同一个温度一样，但是宇宙的各个部分之间都相距很远哪。

我必须向你承认，这些问题听起来一点儿也不厉害。我第一次读到这些问题的时候，也在想“是又怎么样”，但是这些问题对于天文学家来说，都是非常重要的，因为科学家的任务就是保证知识的准确性。对于我们来说，这两个问题其实也很重要，因为它能够帮我们解开宇宙诞生的奥秘。

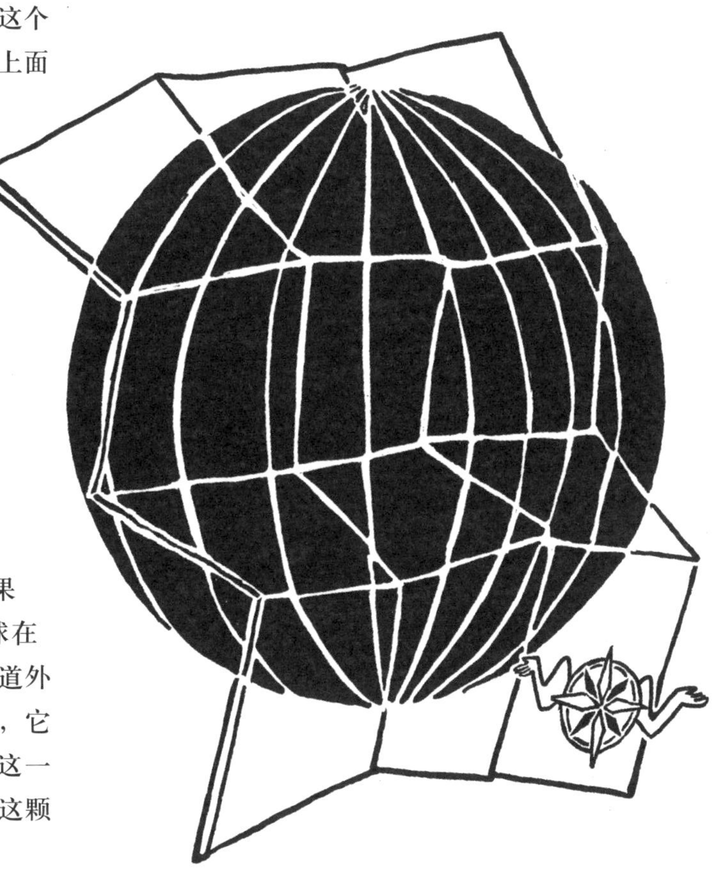

一张价值100 000 000 000 000的纸币

我小的时候，一包薯条只要一荷兰盾（100分），一两分钱就可以买到一颗糖果。我奶奶小的时候，几分钱就能买到一块面包。我们手里的钱正在慢慢地变得不值钱，这个过程叫作“通货膨胀”。有的时候，通货膨胀会突然发生，比如第一次世界大战后的德国。那个时候的钱实在是太不值钱了，德国政府没有办法，都开始印100万亿面值的纸币了。

但是你可千万不要因为知道了通货膨胀的存在就赶着花掉自己存钱罐里的钱。（真的，请一定不要这样做！）我只是想先告诉你通货膨胀是什么意思。通货膨胀会让一个国家的钱变得不值钱，而宇宙膨胀的意思就是它会不断地变大。这其实就是前面那个问题的答案：因为宇宙在膨胀，所以宇宙各个部分的温度都是一样的。

怎么才能把弯的东西变直？

宇宙膨胀理论的前提是宇宙在很短的时间内变得非常大。因为如果宇宙诞生的时候是非常非常小的，而它在非常非常短的时间里膨胀成一个很大的宇宙，那么宇宙各个部分的温度一样就很好解释了。在宇宙还很小很小的时候，各个部分的温度肯定是一样的，然后它开始快速膨胀，所以各个部分的温度也没有机会发生变化。膨胀理论还能解释为什么宇宙会是平的。你还记得我们刚才说过的那个保龄球吗？就算你扔出保龄球的时候角度不是很好，但是只要你足够有力量，让球前进的速度非常快，那么它还是能够沿着直线前进的。宇宙就是以非常快的速度在膨胀的，所以它还能保持一条直线。你还可以把宇宙想象成一个气球，如果你飞快地把气球吹起来，那么气球上的那些弧线就可以变成直线。

但是非常非常快到底有多快呢？就是特别特别快，甚至比光还要快。等一下！不对！这怎么可能呢？光速不是最快的吗？你说得没错，光速确实是太空中最快的速度，但是宇宙本身膨胀的速度是可以超过光速的。因为光速是光前进的速度，宇宙中所有物质前进的速度都不可能超过光速，但是宇宙膨胀的速度可以更快，而这就发生在宇宙诞生后的第一秒钟，它被称作“暴胀期”。它持续的时间非常短，大概也就是一秒的十亿分之一的一小部分里面的一瞬间而已，但是它对我们的宇宙来说是非常非常重要的。膨胀理论可以解释很多东西。它刚刚为我们解释了为什么宇宙各个部分的温度是一样的。它还可以解答很多其他问题。但是宇宙又是怎么做到这一点的呢？

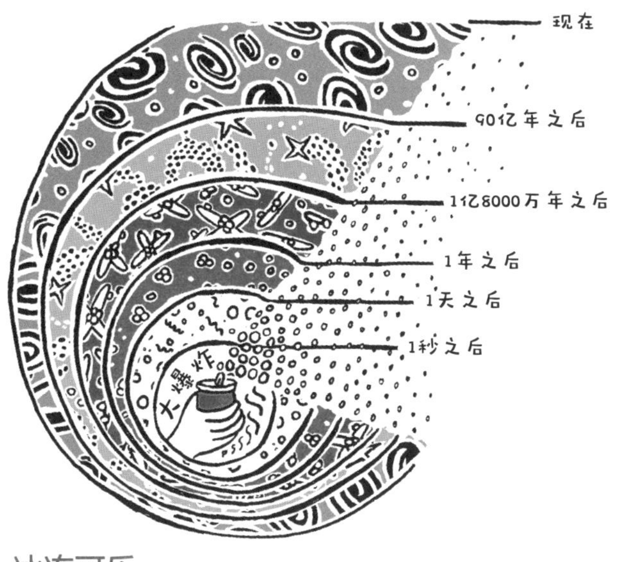

冰冻可乐

想解释清楚这个过程可不是一件容易的事情。很多人都无法理解，但是我相信你可以做到。宇宙膨胀在宇宙诞生之后就立刻发生了。刚诞生的宇宙当中还不存在像引力或者电磁力这样的力。那个小小的宇宙里面只存在一种可以决定一切的力。之后，宇宙开始降温，然后奇迹发生了：一切都在一瞬间发生了变化。所有东西都在这一瞬间改头换面了。虽然听起来很奇怪，但是事实就是这样。我们可以拿一罐可乐来模拟一下这个过程，不过这需要一定的技术。因为我们需要让可乐降到零度以下，但是不能让它冻住，所以你一定要控制好时间。这罐可乐之所以没有冻住，是因为可乐里面有气泡，这些气泡产生的压力让可乐不会马上冻住。但是我们打开罐子的那一瞬间，这种压力就会消失掉，整罐可乐也会马上变成一大坨冰。宇宙当中的所有物质也因为同样的原因发生了改变，这个转变的过程会释放很多能量。只不过一罐可乐太少了，我们感觉不到释放出的能量，但是宇宙很大，所以被释放出来的能量也非常多。除了膨胀理论之外，还有一些理论可以解释宇宙为什么会快速变大，比如反重力。

有一种重力不但不会拉住你，还会推开你

对于我们来说，重力是一种会把我们拉住，让我们能待在地球上的力。所以我们不会在跳起来之后直接进入太空，我们的地球也可以一直绕着太阳转动。但是爱因斯坦认为，在某种情况下，重力很可能会产生完全相反的作用。在这种情况下，重力不但不会拉住你，还会把你推开。只不过这种相反的作用需要非常多的能量支持，所以它在暴胀期是很有可能出现的。反重力也不会持续很久，大概也就是一眨眼的时间，反重力就又会变回我们熟悉的那个重力。就在这一瞬间，我们的宇宙已经从可怜的一小点，变成了一个巨大的、笔直的——弹珠。好吧，我承认，这听起来也不是很厉害。但是宇宙最开始的时候真的非常非常小，然后它在非常非常短的时间里翻了好几百番。是不是很厉害？

我们拿米粒来举个例子。最开始的时候你只有1粒米，翻一番之后你就有了2粒米，翻两番是4粒米，翻三番是8粒米，以此类推。翻到第十番的时候，你已经有1024粒米了。二十番之后，米的数量已经超过100万了，五十番后就超过了1000万亿。翻一百番之后，你手里的米粒已经超过了100万亿亿亿。如果你真的有这么多米，就能在接下来的几百万亿年里喂饱地球上的所有人。

现在你信了吧，这真的非常厉害。很好，现在我们要进入下一章了。接下来的内容就更厉害了。我们要讲什么呢？我们即将揭晓下面这个谜题的答案：富人需要它，穷人拥有它，但是只吃它你就会活不下去。这是什么呢？

0比你想象的大

假设你家有一个水族箱。我们先把里面的所有水都放掉。当然，小鱼已经提前放到别的地方了，水草和沙子也都已经清理干净了。现在的水族箱里既没有鱼食，也没有鱼的便便，它已经像一个新的水族箱一样，完全是空的，而且很干净了。但也不能这么说，因为它并不完全是空的，里面还是有空气的。谢谢你的提醒。我们现在用超强空气泵把里面的空气抽干，这下水族缸就真的是空的了，这个状态叫作真空。但是在现实当中，我们是很难制造出一个完全真空的环境的。不管我们怎么努力，总有些淘气的分子会跑进来。宇宙的深处是非常接近真空的环境，在这种地方，每立方米的空间里面有一个氢原子就算不错了，而且氢原子本身基本可以算是空的。我们先假设有这样一个完全真空的环境存在，里面连一个氢原子都没有，什么都没有。那么它就真的完完全全是空的吗？里面真的什么都没有吗？其实并不是，因为这种环境是不存在的。

凭空出现的能量

如果一个地方什么都没有，那么一定会出现点什么，而且只要有一点儿物质出现了，更多的物质就会出现。但是这是怎么做到的呢？现在请你把刚才那罐可乐拿出来，我猜它现在应该已经解冻了。我们把它倒进杯子里面。如果你不喜欢喝可乐的话，去倒一杯苏打水也可以。你看到杯子里那些一直在往上跑的气泡了吗？它们是从哪里来的？它们看起来就像凭空出现的一样。请记住这幅画面，然后闭上眼睛，把这杯可乐或者苏打水从画面中删除。你现在看到的场景就是物质凭空出现时的画面。真空环境就是这样的。如果我们真的能够创造出一个完全真空的水族箱，这个真空水族箱里就会不断产生各种粒子和反粒子。很快，这些粒子又都会消失不见。很神奇吧，但是这真的会发生。我们的宇宙当中不存在真正的什么都没有的环境。把一个非常小的空间抽空需要花很大的力气。可是我们在消耗了很多能量把这个小空间抽空之后，它只能在非常短的时间之内保持真空的状态。小小的粒子们会不断出现，然后又马上消失。只要有粒子出现，能量就会出现，因为粒子拥有很多很多的能量，所以能量就这样凭空产生了！

科学家还设计了一个实验，可以验证这种说法。我们先创造一个真空环境，然后在这个环境当中放上两片金属板，并且保证它们之间的距离非常近。这个时候，金属板周围的环境就要比金属板之间的环境还要“空”，所以也就会产生更多的“空能量”。这些空能量——或者说真空能量——会推着这两块金属板越靠越近。这也就证明了能量是可以从真空中产生的。科学家甚至还发现了可以测量和计算这种能量的方法。物理学家在非常强大的计算机的帮助下成功计算出了这种真空能量的形态。下面这张图上画的就是他们的计算结果。其实这种真空能量看起来和一些突然出现又突然消失的气泡也没有什么区别嘛。

“量子涨落”首次登场

这张图片所呈现的可能要算得上是世界上最小的东西了。可是就算是这么小的东西里面，还会出现更小的泡泡。物理学家们当然不会直接给它们起名叫泡泡，它们的学名叫作“量子涨落”。我们之前提到的很多物质的学名并不是那么重要，但是量子涨落是一个非常有趣也非常重要的概念，请你一定要记住它。如果你刚好有机会在课堂上发言，或者一不小心在和大人的对话当中提到了量子涨落，那么听你说话的人一定会对你感到非常佩服，尽管他们可能完全不明白量子涨落是什么意思。

这些泡泡——哦，不对，是量子涨落——当然是有作用的。你发现没有，这张图片有点儿眼熟，你能想到它跟哪张图片很像吗？对了，就是宇宙的那张婴儿照！这肯定不是巧合。宇宙在刚刚诞生的时候也是一样的，也是从一个什么都没有的地方突然出现的。所以那个什么都没有的地方实际上是存在量子涨落的。它让一切有了可能，所以宇宙就出现了！所以这张图片就是宇宙起源的场景。我们终于知道宇宙诞生的时候到底发生什么了。但是这真的就是宇宙的起源吗？这个理论确实说得通，但是没有人敢保证事情真的就是这么发生的。我只能说，宇宙很可能就是这么诞生的。

暗能量什么都不是

所以说，什么都没有的地方其实也是有东西的。如果一个环境是完全真空的，能量就会自动出现。从真空中出现的能量甚至可以推动金属板。那么如果有一个非常大的完全真空的空间，那么它能推动星系吗？宇宙是很空的，所以也会产生很多真空能量。那么如果太空中的真空能量可以推动星系，宇宙不就变大了吗？宇宙越大，空的地方就越多，真空能量也就越大。这个过程听起来是不是有点儿耳熟？这不就是暗能量的原理吗？所以暗能量很可能真的什么都不是！这是真的很有可能的。而且我们好像可以总结出一个道理：如果一种物质很特别，那么它很可能什么都不是。

二十维世界

到现在为止，我们已经成功地解开好多谜题了，但是还有一些重要的问题没有找到答案。比如说，宇宙在很短的时间里膨胀了很多很多倍，那么这之前都发生了什么？而且宇宙处于大爆炸和暴胀期之间时的温度是非常非常高的，那么这些热量是从哪里来的？不好意思，我没有办法告诉你这些问题的答案，因为没有人知道。我们只知道那些从什么都没有的真空中产生的量子涨落产生了一些神奇的影响。如果我们能够理解这种影响，也许就能找到一些答案。毕竟量子涨落拥有非常多的能量，所以也很可能带有非常非常多的热量。但是它们也要遵守一些规则，比如物质的温度越高，存在的时间就越短。这说明物质只能在非常短的时间里保持非常高的温度。另外一种可能就是这些热量来自大爆炸。可能的解释还有很多种，但是可能性越多，找出正确选项的难度就越大。我们暂时还没有办法确切知道当时到底发生了什么，也许你可以帮我们解决这个难题呢。

万物理论

我们可以很精确地计算和预测那些普通的、质量很大的物体的运动方式。你、我、彗星和行星都是按照同样的规则运动的。我们也可以计算和预测那些普通的、质量非常小的物体的运动方式，比如电子、光子和夸克。但是我们还没有找到一个能够把普通的大家伙和普通的小家伙的运动方式联系起来的法则。如果我们真的找到了，那么它就是万物理论。恒星、行星和星系都会按照引力的规则运动。只要你了解引力的规则，即使你从来没有学习过其他力的规则，也可以很准确地预测出它们运动的方向和速度。但是引力完全不会影响电子和夸克的运动方式，因为会对它们产生影响的是完全不同的力。我们现在并没有找到一种对所有力都适用的法则。但是如果没有这种法则，我们就无法研究还只有一个量子粒子那么大的宇宙。

你会不会是由橡皮筋组成的?

在过去的一百多年里，人们一直在努力寻找这个万物理论，也提出了很多可能性。其中有一种可能性格外受到人们的欢迎，它叫作弦理论。弦理论认为，那些微小的粒子实际上是非常细小的弦，就像一直在振动的橡皮筋一样。这些非常非常微小而且非常非常薄的弦分为不同的种类，也有不同的振动方式。它们的形状和振动方式决定了它们会组成什么样的粒子或者能量。这个理论是在几十年前被提出来的，直到现在，人们还认为它是最有可能的解释。可是我们怎么才能验证这个理论到底对不对呢？在化学实验室里埋头研究肯定不行，在音乐教室里就更不可能了。

这些弦实在是太小了，小到根本看不到，就算用上世界上最先进的仪器也看不到，所以我们就只能靠数学计算证明它的存在了。科学家需要找到能够描述一个弦世界的数学公式，就像$E=MC^2$一样，但是对象应该是弦。这些公式的结果还必须和宇宙的实际情况是一样的。科学家已经发现了二十几个非常准确的数字，它们可以很好地解释我们身边正在发生的一切。电子和夸克的质量就属于这二十几个数字之一。除此之外还有电磁力和强核力，它们都可以通过计算得到。这样的数字还有很多，只要有了这些确定的数字，我们就能准确地预测粒子的运动方式和宇宙当中的能量分布。

一个适用于所有数字的公式

为了证明弦理论，我们需要找到一个数学公式（几个数学公式也可以），它或者它们必须要能够为刚才我们提到的这些确定的数字提供一个合理的解释。只要有一个数字对不上，我们就必须推倒重来。科学家的进展如何呢？其实不太好。他们甚至连一点儿头绪都没有。这就像是一个不可能完成的任务。除非……还存在更多的空间维度。也就是说，三维空间之外不光只有一个或者两个空间。如果空间是二十维的，那么这一切解释起来就会容易很多了。但是四维空间就已经很难想象了，二十维空间也太难了吧！

一条线有四个维度

有一点是可以确定的，如果空间维度增加，那么我们就得重新给“上下”和“左右”命名了。在我们的三维空间当中，这位维度都是可以无限延长的。只要我们不撞到墙上，那么我们就可以一直朝左走或者一直向上进入太空。如果我们的三维空间是无限大的，那些其他维度有没有可能其实特别小呢？还真有这种可能。

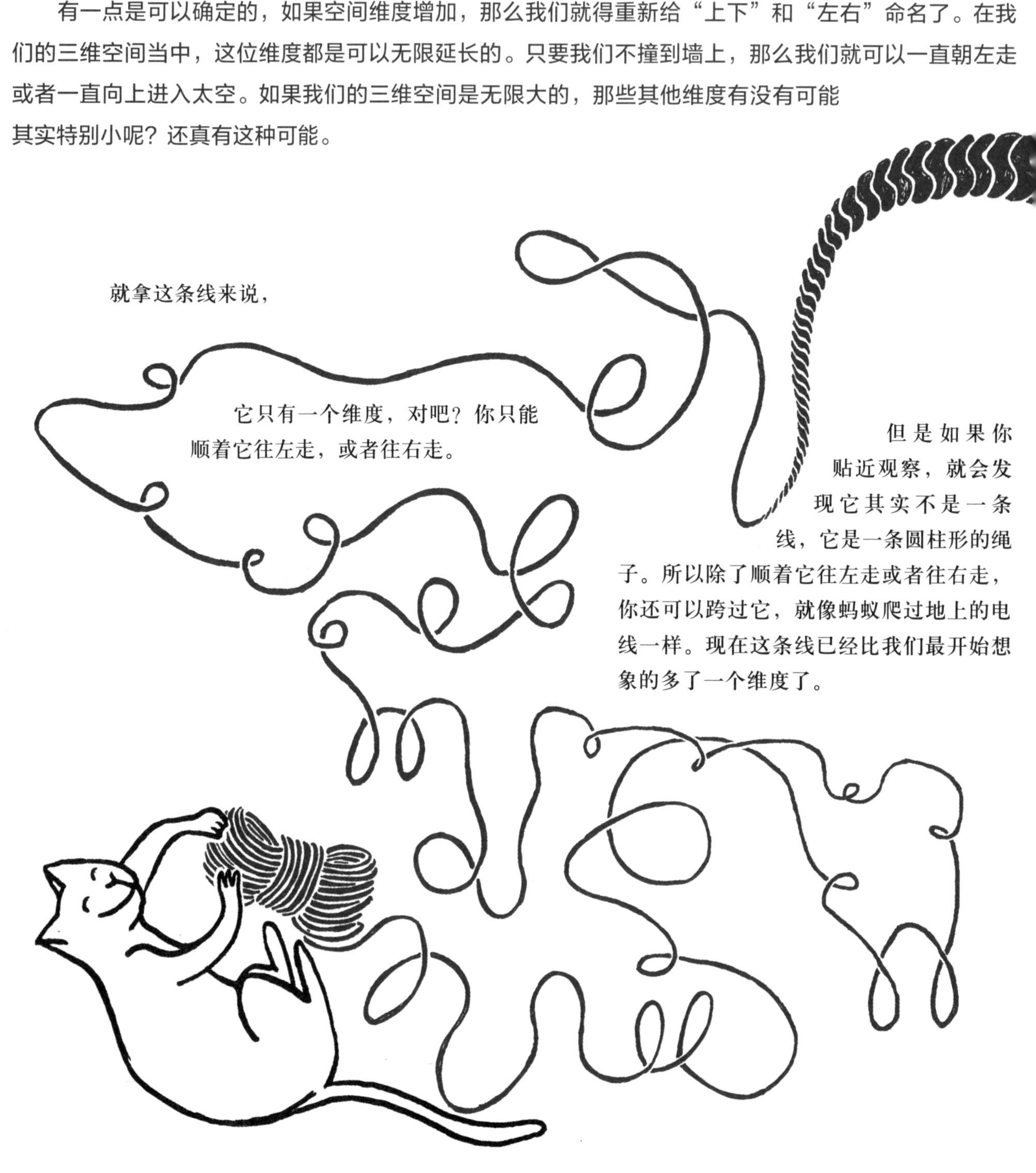

就拿这条线来说，
它只有一个维度，对吧？你只能顺着它往左走，或者往右走。
但是如果你贴近观察，就会发现它其实不是一条线，它是一条圆柱形的绳子。所以除了顺着它往左走或者往右走，你还可以跨过它，就像蚂蚁爬过地上的电线一样。现在这条线已经比我们最开始想象的多了一个维度了。

看不见的维度

如果我们把这条绳子放大，那么很可能就会看到一些奇怪的凸起。这根绳子也可能是空心的，或者是由好几条更细一点儿的绳子编成的，所以我们就有了更多除了沿着它前进和跨过去之外的可能。而且这条绳子被放大得越多，我们的可能性就越多。我们的世界可能也是这样的。三维空间之外的那些维度可能都很小，小到我们平时都观察不到。这听起来很有道理，但是到目前为止，我们还没有找到能证明它的方法。

这个时候，欧洲核子研究组织的粒子加速器就派上用场了。那里的科学家可以在粒子发生碰撞的时候，认真地观察有没有突然消失的能量。因为如果能量突然消失了，很可能就是进入了另外一个维度。他们需要在让粒子进行碰撞之前就先计算好碰撞之后会产生的能量，然后再让粒子以接近光速的速度撞在一起。如果粒子相撞之后产生的能量比预计的能量要少，那么另一个维度就很可能是真的存在的！到目前为止，他们还没有开始进行这种实验，但是也许他们很快就可以开始研究了呢。

量子引力

弦理论不是唯一一种可能的解释。另外一种比较受欢迎的理论叫作量子引力理论。和弦理论一样，它的目标也是把爱因斯坦的相对论和量力力学理论结合在一起。也许科学家可以在未来找到支持这种理论的证据，但是在它被证实之前，我还是决定跳过它不讲，因为它实在是太复杂了。

总之，科学家的目标就是努力寻找可以用来解释所有物质产生的运动方式的理论，而且这些理论真的一个比一个精彩。

精确到0.000 000 000 000 000 000 001米的测量仪器

如果两个黑洞撞在一起会发生什么？那场面肯定很壮观。但是还有没有更具体的答案呢？你先不用着急，爱因斯坦在一百多年前就已经找到了这个问题的答案。两个黑洞相撞会产生巨大的引力波。引力波是宇宙当中的一种波，它的影响非常大，大到在几百万千米之外都能够探测到，大到几百万年之后也还能探测到。两个相撞的黑洞周围会出现一个不断向外扩大的环，就像一块石头掉进水里后水面上会出现圆形的波纹一样。只不过这个环出现在时空里，而且会先扩大再缩小，至少爱因斯坦是这么说的。但是就算是爱因斯坦的理论，也要经受得住考验才行。

如果，我是说如果，爱因斯坦的说法是对的，那么我们就又多了一个可以研究宇宙起源的方法，也就是通过引力波。引力波可以给我们提供很多关于宇宙历史的新信息，当然也包括和大爆炸有关的一切。

接下来的目标：
制造一台非常非常复杂的机器

差不多45年前，有这么一群科学家，他们觉得我们要有一台能够测量引力波的机器。它必须足够精确，能够测量到小数点后面二十多个零一米的那么微小的变化。因为只有这样，我们才有可能探测到那些非常微弱的引力波。而且这台机器工作的时候，地面绝对不能有一点儿震动：飞机不能起飞，路上不能有大卡车，总之就是要求非常严格。这群科学家的想法虽然很好，但是他们不知道从哪里开始动手，而且他们也不知道造出这样的机器需要花多长时间，更不知道要花多少钱。最重要的是，他们也不确定这台机器能不能正常工作，或者引力波到底存不存在。我估计你已经猜到这个故事的结局了：他们觉得这个计划棒极了，并且决定马上动手。

他们成功地在42年里花掉了十几亿美元，然后……

这群科学家在接下来的42年里经历了无数次失败、挫折、争吵和各种糟心事。这个仪器变成了他们的噩梦。不过说它是个仪器其实有点儿不负责任，因为它最终变成了一台长达4千米的危险家伙。烧掉了十几亿美元，这还不算完，如果想确定它测量到的不是地震或者飞机起飞的震动，我们就还需要另外一台一模一样的大家伙，两台机器一起工作才能告诉我们这些引力波来自哪个方向。其中一台机器位于美国的西部，另外一台在美国的东部，如果它们同时检测到了同样的信号，那就说明这些信号确实来自一个引力波。

价值超过
1 000 000 000美元

这两台大家伙的学名叫作“LIGO”，是“激光干涉引力波天文台”的意思。后来，人们在日本和欧洲也建造了类似的激光干涉天文台。所以它们真的有用吗？

2015年9月14日

你还记得2015年9月14日这天你在做什么吗？我猜你可能不记得了。但是我可以肯定你做了一件事：你的身高变矮了一点点，身体也变宽了一点点。不用担心，变化并不是很大，真的只有一点点，大概是0.000 000 000 000 000 000 001米吧，而且这种变化只维持了一小会儿。你当时肯定没有感觉到这种变化，而且你的衣服也没有因为这一点点变化而突然不合身了。这主要是因为你的衣服也缩短了一点点，变宽了一点点。我也一样，荷兰国王也一样，图坦卡蒙的木乃伊也是，还有月亮也是。基本上所有东西都经历了这种变化。我知道这个故事听起来挺不可思议的，但是它确实发生了。

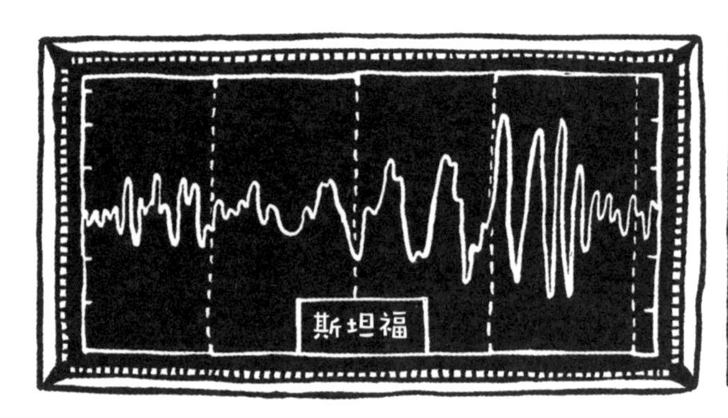

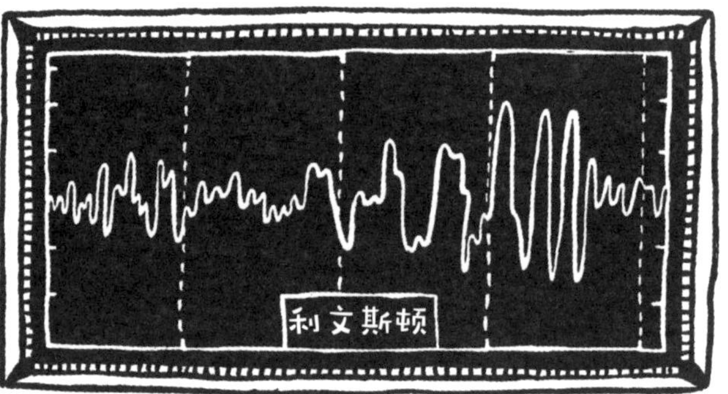

这一切都是因为13亿年前发生的一件事。它让我们身边的一切，包括我们自己，都发生了一些变化。而我们之所以知道自己的身体发生了变化，还要多亏那一群建造了LIGO的“笨蛋天才”。

监听宇宙

LIGO会发射出激光射线。这些射线在镜子的帮助下可以达到几千米长，射线之间也会产生交叉。如果引力波穿过这些射线，那么LIGO里面的镜子之间的距离就会发生改变，然后这种改变就会在图像上显示出来。所以LIGO会把空间中的波变成声波，让我们可以从这些声波当中找到新的信息。宇宙中发生的每一场爆炸或者碰撞都会发出声音。所以LIGO建成之后，科学家不光能够看到宇宙中发生的撞击，还可以听到它们的声音，并且他们通过声波的形状就能知道是恒星撞在一起了，还是黑洞撞在一起了。

呜呜呜噗！

这群科学家花了42年的时间，才把LIGO建好。2015年，他们第一次打开了LIGO。在第一次测试的时候，他们先在屏幕上看到了引力波的图像，然后这个引力波的信号被转换成了声音，他们听到了“呜呜呜噗”的声音。那一刻，这些年纪很大的科学家全都像孩子一样哭了起来。到了今天，如果有人和他们说起那天的事情，他们还是会很激动，甚至眼眶都会变红。因为就在那一天，他们几十年的努力有了回报，LIGO真的是有用的。

不过“呜呜呜噗”到底是什么意思呢？

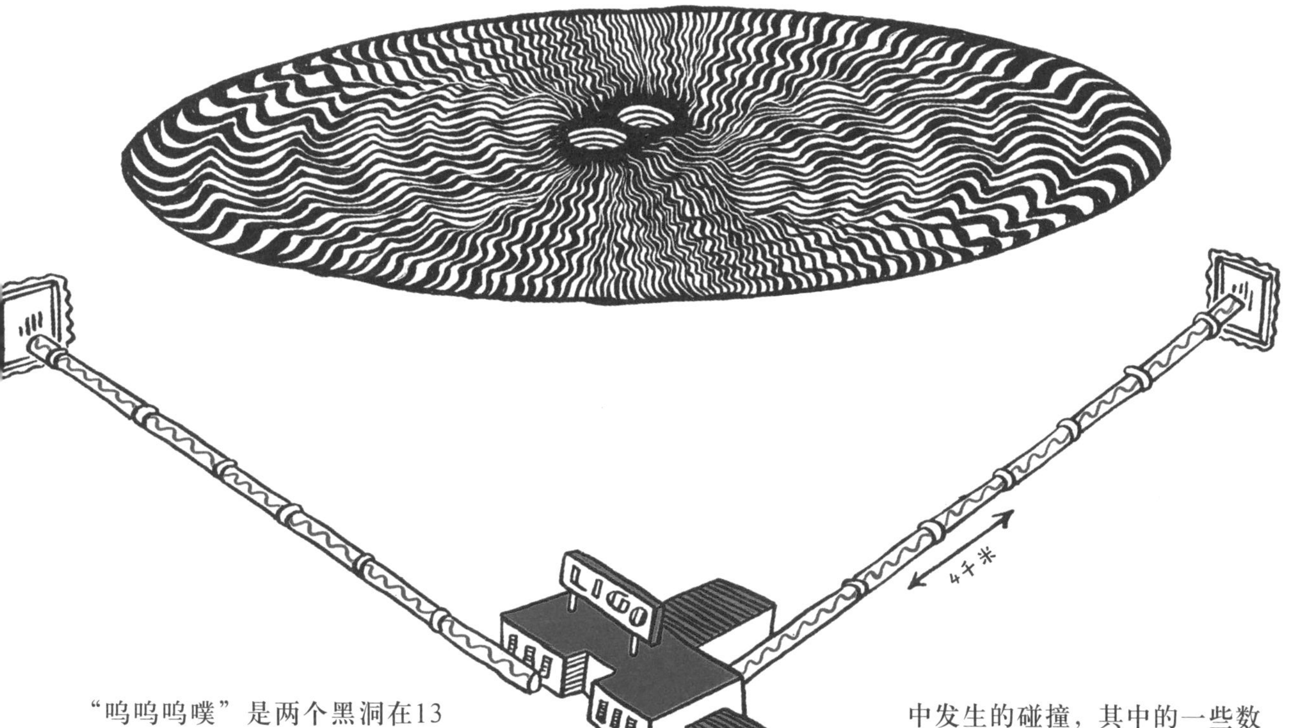

“呜呜呜噗”是两个黑洞在13亿年前相撞时发出的声音。其中一个黑洞的质量相当于29个太阳，另一个相当于36个太阳。它们当时正在绕着彼此旋转，转动速度就和搅拌机里两个刀片转动的速度差不多。这两个黑洞越转越近，最后融合到了一起。在接下来的一段时间里，它们释放出的能量比宇宙当中全部恒星的光加起来都要强，只可惜它们发出的并不是我们能够看到的光，毕竟它们都是黑洞，而光是逃不出黑洞的。所有能量都被转换成了引力波。从13亿年前开始，这些引力波就开始在太空中扩散，直到今天。这两个黑洞相撞之后释放出的引力波在2015年9月14日这天来到了地球，穿过了你，也穿过了我。

在那之后，天文学家又监测到了很多次宇宙当中发生的碰撞，其中的一些数据让他们可以了解到很久以前距离我们很远的宇宙中发生的事情。LIGO提供的波和声音的信息可以帮助科学家解开宇宙中最先出现的恒星的秘密。考古学家需要努力破译骨头和碎片的密码，而天文学家就需要解读这些呜里哇啦的声音信号。

LIGO和CERN这样的超级机器可以帮助我们找到解开宇宙之谜的关键，但是具体是哪些谜题呢？我们还不知道。

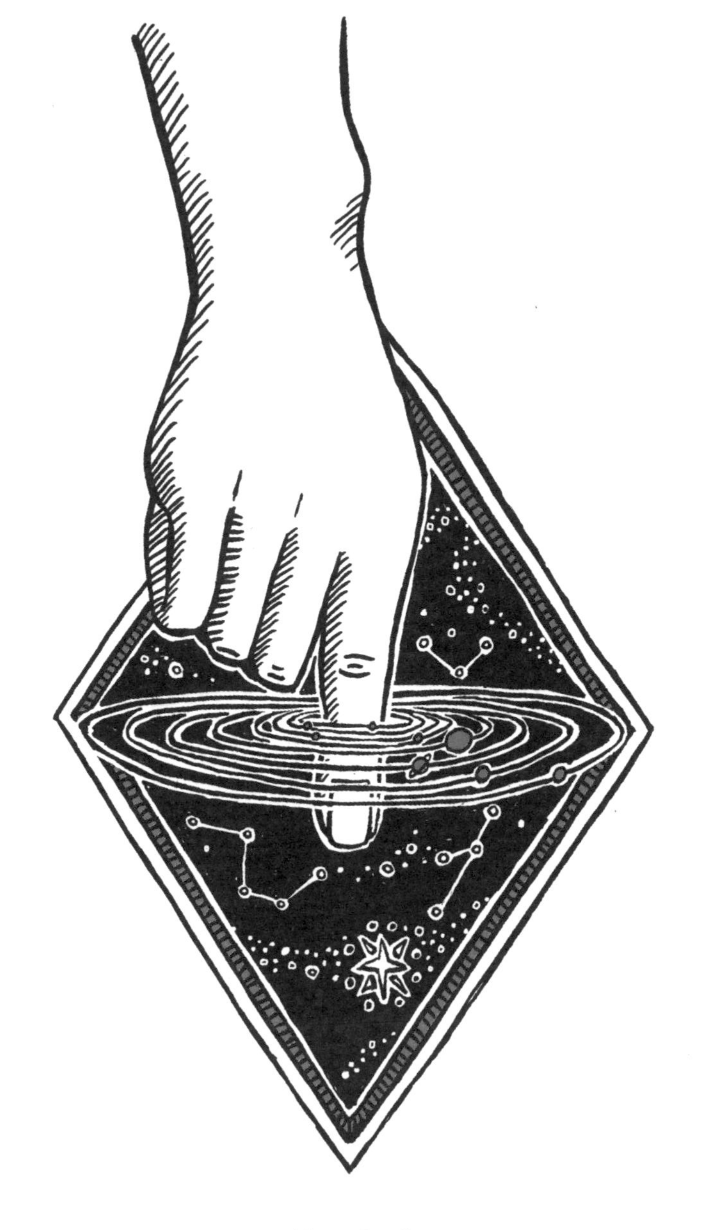

— 第五部分 —

谁创造了宇宙?

第五部分

有些科学家尝试过计算宇宙当中粒子和光子的总数。你猜一共有多少？粒子的总数是1后面80个0，光子的总数是1后面89个0。这一切都是从一个什么都没有的地方诞生的，反正科学家是这么认为的。至少到目前为止，他们还是比较权威的。

不过科学家也不是唯一一群思考宇宙起源的人。人类可能从几万年前就开始研究这个谜题了。数十亿人都曾经或者仍然坚信我们的地球和它周围的一切都是由神创造出来的。那么这些人都错了吗？还是说他们说的其实也有道理？

除了科学家和普通人，哲学家和思想家也对宇宙的起源有很多想法。他们都说了些什么？他们找到问题的答案了吗？

六月
七月
八月
九月
十月
十一月
十二月
一月
二月
三月
四月
五月
天兔座
波江座
大犬座
天狼星
参宿四
猎户座
麒麟座
金牛座
鲸鱼座
白羊座
巨蟹座
双鱼座
仙后座
北极星
大熊座
狮子座
仙女座
飞马座
南鱼座
仙王座
小熊座
蝎虎座
天龙座
宝瓶座
摩羯座
海豚座
天鹅座
室女座
长蛇座
巨蛇座头部
巨蛇座尾部
蛇夫座
射手座
天蝎座
天秤座

浴缸里没有小黄鸭

首先，我要恭喜你！这本书看到这里，你已经了解了很多关于宇宙的知识。不过我还有个坏消息要告诉你：我们已经走进了一个死胡同。除了等伟大的科学家或者在CERN和LIGO工作的研究人员完成下一个伟大的发现，我们已经没什么可以做的了。但是伟大的发现通常都需要时间，所以我们可能还要等上很久。我们需要有耐心，不过我也知道这不是一件容易的事情。估计再有几年，科学家就能制造出拥有超强计算能力的量子计算机了。既然我们暂时还什么都做不了，我建议，我们先换一个研究题目好了。天文学和物理学暂时没有新的发现了，但是我们还可以研究一下哲学呀。有的时候，哲学家思考的问题和科学家提出的问题是一样的，只不过哲学家思考的角度和方法不一样而已。

生命有什么意义？

哲学家甚至会再进一步，他们会思考宇宙的意义和宇宙当中的生命的意义。我们为什么会存在？怎样的人生才算是有意义的？生命终止之后会发生什么？不仅如此，他们还会努力寻找“宇宙为什么会存在”这种问题的答案。这些问题都是科学家不那么关心的，有些科学家甚至会觉得这种“十万个为什么”一样的问题很讨厌。因为这些问题不能通过测量来解决，也不能借助天文望远镜或者显微镜进行观察来得出答案，更不能通过计算来解决。还有些科学家觉得这种问题本身根本就是没有意义的，就好像“石头为什么比沙发硬”或者“大象为什么比蚂蚁重”这种问题一样。有些事物本来就是这个样子的，并不是所有东西的存在都需要有深刻的意义。就拿光速来说吧，光每秒钟能前进30万千米，它是不需要原因的，因为这就是事实。

和科学家不同的是，这个世界上有好几十亿人可能都想知道宇宙为什么会存在。所以如果你也曾经问过这个问题，这没关系，因为它确实是个好问题。思考这种问题其实也是一件很有趣的事。因为如果我们真的能很客观地进行思考，就会发现如果宇宙不存在的话，事情的发展是更符合逻辑的。如果没有空间，没有时间，没有宇宙，没有浴缸里的小黄鸭也没有苹果派的话，就什么都没有了。宇宙也就不需要费那么大的力气诞生了。宇宙里面有那么多能量，那么多星系，那么多复杂的问题。如果这些都没有意义，那么宇宙不存在不是更加符合逻辑吗？如果你去问科学家，他们会告诉你，宇宙本来就不是为了符合逻辑而存在的。它就在那里。虽然宇宙给我们带来了很多解不开的谜题，但是这就是现实，我们改变不了。

造物主是否存在，是男是女？

另外还有很多很多人相信另外一种听起来非常符合逻辑的解释：这一切都是造物主的安排。但是这种解释还带来了一个小问题，具体是哪个造物主创造了世界呢？人们对此有很多不同的看法，他们相信不同的造物主，而这些造物主又用不同的方式创造了世界，所以这里我只统一用“造物主”这个词来表示人们以为创造了世界的那个人。

造物主是男是女？我们不确定。大部分人都会认为造物主是男性。我们的世界也存在各种糟糕的地方，其中充满死亡、痛苦和破坏。如果造物主是女性的话，地球上的生活也许不会这么糟糕。但谁知道呢？毕竟没有人真正见过造物主。

一头有三个驼峰的骆驼

在科学的世界里，最难的事情就是所有说法都需要证据来支持。你怎么证明外星人从来没来过地球？外星人曾在地球上生活过的概率可能很小，但是想要证明它从来没发生过是一件非常困难的事情。证明每一头骆驼都有一个或两个驼峰也是很困难的。也许在遥远的喜马拉雅山脉的一个偏僻的角落里面刚好生活着一群骆驼，这种骆驼的特点就是有三个驼峰。现在你能明白证明造物主不存在有多困难了吧？到目前为止，还没有人成功过。当然，也没有人成功地证明了造物主的存在。

而且，就算你成功证明了造物主的存在，你也只是把宇宙为什么会诞生这个问题转移到了造物主身上。因为我们还可以继续提问：造物主是从哪里来的？造物主是一直存在的吗？为什么造物主能一直存在？人又是怎么来的？话又说回来……不是说最开始的时候什么都没有吗？那造物主又是怎么突然出现的？于是这些无法解决的问题就又出现了。从很久很久以前开始，就已经有人思考这些问题了。虽然伟大的科学家都是非常聪明的人，但是科学其实并不能帮我们解决这些问题。以前是这样，现在也是这样。

为什么世界上会有痛苦这种东西？

一些人认为造物主是充满智慧、善良而且善解人意的，所以如果他们身上有坏事发生，那这一定是为了他们好。这就好像我们带着家里的猫去宠物医院打针，猫只会觉得打针很痛，很不开心，但是我们知道打针是为了它们好。

那哲学家又是怎么看待这个问题的呢？他们认为讨论造物主是善良还是邪恶没有意义，而且就算造物主曾经存在，现在也已经离开这个世界了。更重要的是，哲学家认为即便存在造物主，他做的事情也不一定都是为了我们好，而且他们有很多证据可以证明这一点。

不要太相信造物主是善良的，下面是一些理由

还有些哲学家给出了一些具体的理由，好让我们相信造物主不一定是善良而且完美的：

如果造物主不能阻止痛苦的产生，那么这就是一个不好的造物主；

如果造物主不想让我们感到痛苦，但是我们还是感受到了痛苦，那么造物主就不是完美的。

如果造物主能够阻止痛苦降临到我们身上却没有这么做，那么造物主就没有给我们特别的照顾。

如果造物主能够且愿意阻止坏事的发生，我们就不会感受到任何痛苦了。

看完这些理由之后，你可能会觉得，这个逻辑简直滴水不漏，但是现实要比这些理由稍微复杂一些。其实，让我们感到痛苦的事可能对这个世界是有好处的。更重要的是，世界上不是还有很多美好的事情吗？这些好事为什么不能说明造物主是善良的呢？

1只小狗和3000根羽毛

我们可以找到很多很有说服力的理由让我们相信造物主是不存在的，而且量子涨落的存在已经说明宇宙的起源不需要造物主。另外一个很重要的理由是：造物主都是看不见摸不着的，所以我们永远看不到造物主站在摄像机前面亲自向我们解释宇宙诞生的过程。如果造物主真的能上新闻解释一下，那就真的能解决大问题了。宇宙的发展和人的出现是一个很值得思考的问题，这个过程持续了近140亿年的时间，如果造物主真的存在，就不能稍微加快一点儿速度吗？在一百多亿年的时间里，宇宙中发生了很多大事，地球上却只有一些没有什么意义的生物存在。造物主不是应该更关注那些重要的东西吗？

我们知道的事情太少了，所以我也没有办法给你一个合理的解释，而且纠结人出现之前的历史为什么这么长是没有意义的。你会觉得著名画家伦勃朗（Rembrandt Harmenszoon Van Rijn）完成一幅油画的时间太长了，或者著名作曲家约翰·塞巴斯蒂安·巴赫（Johann Sebastian Bach）在一首曲子上浪费的时间太多了吗？对于这些事情来说，最后的结果才是最重要的。其实，支持造物主存在的理由还要更多一些。

一切皆有原因

其中一个很好的理由就是所有事情都有一个起因。我们很难想象有什么事情是突然就发生了的——没有任何原因，毫无预兆地直接发生了，这不符合逻辑。就拿你来说吧，你之所以会存在是因为你有父母，有祖父母，有祖先，而你的祖先之所以会存在，是因为地球上出现了生命，其中的一种生命后来进化成了人。生命能够存在是因为有脱氧核糖核酸（DNA）和蛋白质这样复杂的分子存在。这些复杂的分子又是由更小的、没那么复杂的分子构成的。这些小一点儿的分子来自在地球上或者在其他行星上发生的化学反应。行星（地球也是行星之一）是由恒星爆发之后的一部分组成的。以此类推，每样东西的存在都有一个原因。到最后，这个原因就是造物主的存在。但是接下来就比较麻烦了。因为按照这个逻辑，造物主的存在本身也需要一个原因。相信有造物主的人们认为，造物主本身就是原因。造物主是永恒的，我们理解不了是因为我们是凡人，而造物主是造物主。

最简单的解释通常也是正确的

支持造物主存在的另外一个理由就是简单的解释通常也是正确的。假如你家刚刚养了一只小狗，你有事需要出去一下，所以把小狗留在了房间里。十分钟之后你回到家，看到屋里飘着三千根羽毛，本来摆在沙发上的靠垫已经被扯开了，小狗的嘴边全是羽毛。这个时候你会怎么想？你觉得罪魁祸首应该是谁？有可能是你的邻居，他在你不在的这段时间撬开了你家的门锁，把沙发上的靠垫撕烂了，然后抓了一把羽毛粘在了你家这条无辜的小狗的嘴边，最后又跑回了自己家。又或者在你不在的这段时间里，有一艘超级迷你的外星飞船跑进了你家，准备偷走你的沙发靠垫，英勇的小狗为了和邪恶的外星人抢夺这个重要的靠垫，不小心把它撕烂了。又或者……其实你最开始的想法就是对的。你家这只调皮的小家伙趁你不在咬坏了沙发上的靠垫。最简单、最符合逻辑的解释通常都是正确的。

为什么会有东西存在呢？就不能什么都不存在吗？

宇宙是由造物主创造的，这比科学家提出的所有理论都要简单。就拿量子涨落来说：量子涨落为什么会发生？量子涨落是从哪儿来的？为什么真空就不能一直保持真空？为什么这么微小的量子涨落能够创造出那么大的一个宇宙？如果真的有一个创造了这一切的造物主，那么这一切就很好解释了，而且听起来也更有道理。

只可惜，最简单的解释不一定是最好的。古代人认为天上的雷都是雷神打出来的。我们现在知道，雷电是一种由“累积的极性形成的放电现象”。这个解释听起来是不是比雷神复杂多了？而且我们也要花费更多的力气才能理解它。但是这次，复杂的解释才是正确的那个。

100位反对爱因斯坦的作者

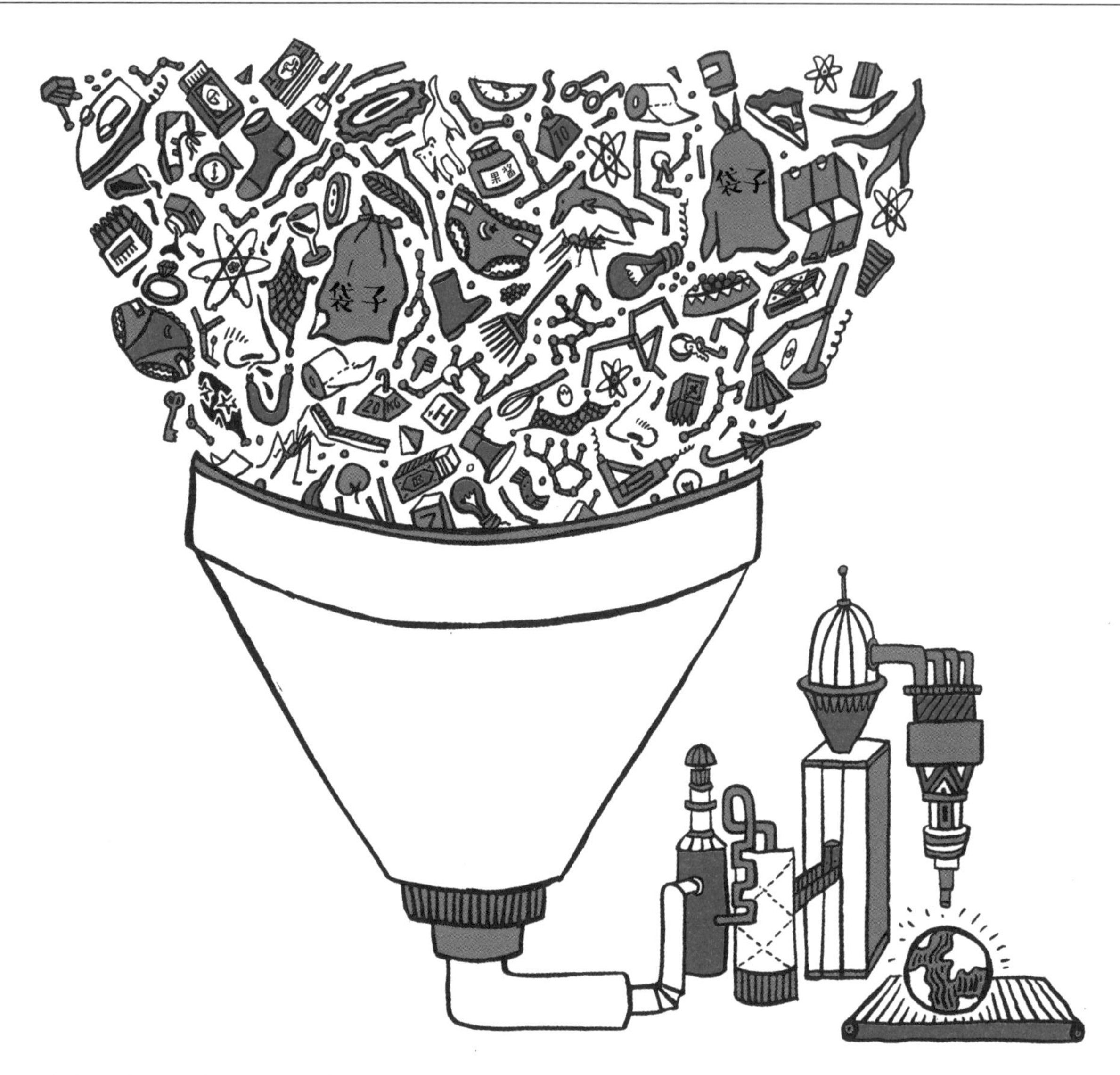

也许你会觉得有关造物主存在的理由并不能说服你，但人们还能提出很多理由，有些听起来还很有道理。比如这个：大爆炸之后的原子处于一片混乱之中，但是在这种混乱的环境当中，诞生了很多完整的行星。目前所知，在这些行星当中，只有一颗行星孕育出了一种特别的生命，这种生命就是我们。人是非常奇妙的生物：有些人可以创作出非常美妙的音乐，让听到的人感动到流泪；还有些人能写出非常美丽的故事，让人忍不住跟着激动起来；有些人非常聪明，他们的想法可以鼓励成千上万的人，让世界变得更好。这样的人的存在怎么能用巧合来解释呢？很多人都觉得自己并不能接受这种解释。我在听到美妙的音乐或者看到非凡的场景时，也觉得我们的存在不应该只是巧合。

有的时候，我会觉得宇宙肯定是有意识地在朝着某个方向发展，好为创造出生命提供条件。即使这个过程花费了几十亿年，也消耗了非常多的能量，但是这是值得的。

一个好理由总比一百个坏理由强

支持造物主存在的理由还有很多，但是数量并不能决定一切，质量才是关键。1931年，有100位作者一起共同创作了一本书，他们全部都不同意爱因斯坦的观点。这本书的名字就叫作《100位反对爱因斯坦的作者》。但是这位被反对的伟大科学家并没有很生气，他甚至还愿意跟他们开个玩笑。他说："如果我的理论真的是错的，那么他们只需要选一个写得好的代表出来就可以了。"虽然爱因斯坦也提出过错误的观点，但是这100位作者写出来的东西却全都是错的。

何况，真理也不一定就掌握在大多数人手中，因为只有最聪明、最有学识的人才能给出正确的答案。爱因斯坦曾经说过，他也不知道自己应该相信哪一边。造物主可能真的存在，但是我们在短短的一生中是不可能找到确定的答案的。按照爱因斯坦的说法，我们的思考能力太有限了，是无法理解整个宇宙的全部奥秘的。不过我还没说完，最重要的还在后面呢。

如果世界被创造出来的时候能多点猫鼬、少点蚊子就好了

我们通常可以通过艺术作品了解其作者的特点，所以如果造物主真的存在，那么这个造物主肯定很喜欢虱子、跳蚤和蠕虫，因为这些小东西实在太多了。造物主肯定也很喜欢甲虫，因为科学家已经在地球上发现了大概35万种甲虫了。还有很多类似的东西，比如泥潭啦，苍蝇啦，阴冷的下雨天之类。这些东西都可以自己组成一个"糟糕的世界"了。如果我们能当一次造物主，那我们肯定会把天气设计得好一点儿，也不会设计那么多种甲虫，没准儿会制造一点儿猫鼬和浣熊什么的。蚊子、跳蚤和苍蝇什么的我们肯定不会考虑。如果可能的话，最好把人设计成不需要去洗手间的生物。所以你看，我们的世界和我们自己还是有很大改进空间的。

但是如果我们仔细想一想，要是地球上的猫鼬和蚊子一样多的话，那也太可怕了。那35万种甲虫其实也没有给我们带来很多麻烦。也许宇宙的设计是很合理的，只是我们不能理解而已。如果世界是完美的，甚至比完美还要完美，那我们就不需要其他理由了，造物主肯定是存在的，不是吗？

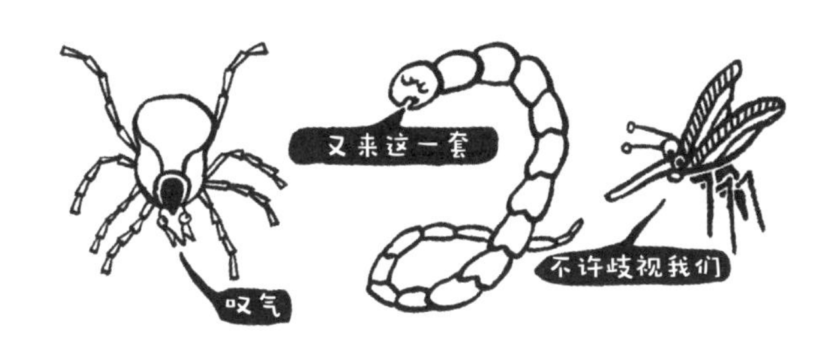

8位曾祖父母、16位曾曾祖父母、32位曾曾曾……

你有没有想过，为什么你——这个独一无二的你——会出现在地球上呢？如果你的父母从来没有相遇，那么你就不会存在了。如果你的祖父母们没有相遇，那么你的父母也就不会存在了。你有4位祖父母，所以你还应该感谢你的8位曾祖父母生下了你的祖父母。然后就是16位曾曾祖父母了，接下来是32位……我们可以一直数下去，但是为了节省时间，我就不在书里继续了。但是如果这一串长长的名单里有一个人做了一个和当初不一样的决定，你可能都不会存在。你的存在本身就是由一系列不可思议的巧合决定的。

不过就算那种情况真的出现了，其实也不是什么糟糕的事情。如果你的曾祖父没有出生，那么你的曾祖母也可能会和另外一个人结婚，然后他们的孩子也会有孩子。当然了，你可能不会出生。但是这个世界上还是会有其他的小孩儿降生，和你一样聪明可爱。既然聪明可爱的你正在阅读这本书，那就说明那些聪明可爱的小孩儿没有出生。在另外的一些情况下，他们就会成为那个“独一无二”的人。

如果月球不存在

刚才说的这种情况对于我们地球上的所有生命来说都是一样的，对这颗行星来说也是一样的。如果月球不存在的话，那么地球上的生命可能就不会是现在这个样子。如果月球不存在，那么地球的夜晚会比现在黑暗很多，像蝙蝠这样的夜行动物就会更多，毕竟它们在夜里行动靠的是回声定位而不是自己的眼睛。如果太阳不存在的话，地球会是什么样子？首先，地球肯定会比现在冷。所以地球上就会有更多的爬行动物和皮毛很厚的动物。但是如果我们再仔细地思考一下，就会发现，如果太阳和月球都不存在的话，我们可能也不会存在。也许地球上会出现比我们聪明很多的生物。他们可能更擅长做家务，也能设计出更容易打开的番茄酱包装，不会让番茄酱流得到处都是，还能弄清宇宙的起源。

为什么冰会浮在水上？

我们还可以想象一个自然法则和我们完全不一样的世界。就拿冰来说吧，在我们的世界里，几乎所有物体都会“热胀冷缩”，可是水在结冰时会膨胀。如果不是如此，地球上的生命可能就不会存在了。因为水在变成冰之后体积会变大，那么相同体积下的冰就会比水轻。如果冰和水的体积都是一立方米，那么冰里的分子总数会比水里的分子总数少，于是这块一立方米的冰比较轻，就可以浮在同样体积的水面上。要是冰突然沉到水底，那地球就会变冷很多。因为有上面的冰层保护着，底下的水抵御住了寒冷，才没有被冻住。在北极和南极这些本来就很冷的地方，如果冰沉到水下面去，水底会变成一层厚厚的冰，最上层水面遇到寒冷的空气，又会结出新的冰，再次沉到水底。很快，南极和北极就都会变成两个大冰坨。海洋也坚持不了很久，很快也会被完全冻住。地球逐渐变成了一个大冰球。说不定在宇宙的某个角落里，有一颗被这种“沉水冰”覆盖着的行星孕育出了完全不同的生命呢。

世界也可能根本不会存在

水在温度变高之后会变成水蒸气，这个过程叫作蒸发。假设水失去了蒸发的能力，那么地球就不会下雨。如果树和草都失去了光合作用的能力，那么它们就没办法产生氧气，动物也就不会存在。如果热空气不会上升而是会下降，那么我们早就热死了。我们还可以想出很多种和我们的自然法则不同的情况。幸好，我们的自然法则非常精确，它们为我们创造了生命存在的所有条件。如果其中的一些法则出现了一些小小的偏差，我们都不可能存在。更有可能的是，不但人类不存在，动物和植物也可能不存在，地球上可能根本就不会出现生命。毕竟地球上生命的出现靠的就是无数的巧合。

我们要感谢这些巧合。因为如果类似的巧合没有在宇宙中出现，那就是另外一个故事了。如果当时在某一个步骤当中出现了一点点偏差，我们的世界可能根本就不会存在。

1 000 000 000个粒子和 999 999 999个反粒子

你还记得吗？我们在讨论宇宙诞生之后发生的事情时说过，在那个时候，粒子的数量比反粒子的数量多了一点儿。如果当时出现了10亿个粒子，那么在同一时间就只有999 999 999个反粒子。如果情况不是这样，恒星和行星就没有形成的机会：粒子太多，恒星的形成就会变得很困难；粒子太少，恒星可能就没有足够的原材料。量子涨落也是同样的道理：如果量子涨落的规则发生一点点改变，恒星也不会存在。如果大爆炸喷出的粒子的飞行速度再快一点儿或者再慢一点儿，宇宙就有可能空空荡荡，或者可能早就毁灭了。如果暗物质的质量再大一点儿或者再小一点儿，行星都有可能没办法形成，恒星和行星的数量也会比现在少很多。如果希格斯场的强度再高一点儿或者再低一点儿，原子可能都不会出现。如果原子核里的夸克的力量大了一点儿或者小了一点儿，原子核可能还是不会出现。

造物主存在的最有力证明

如果你愿意听，我还可以再举出好几百个例子。你想象一下，只要有一个地方发生了一点点改变，现在的宇宙可能就完全不会存在生命。更可怕的是——宇宙可能完全不会存在！宇宙和生命的出现有一个前提，就是所有的条件都要丝毫不差，就像你的祖父母、曾祖父母们一定不能做出其他人生选择才能保证你的存在一样。

所有条件都完全满足的情况出现的可能性是非常小的。有多小呢？假设有一天，有一只兔子突然蹦到了你的键盘上，然后一边跳一边在你的键盘上打出了一份胡萝卜面包的菜谱，然后又一不小心打开了你的电子邮箱，把它发给了离你家最近的面包房老板。宇宙诞生的概率比这件事出现的概率还要小很多。就是因为这种情况出现的概率实在太小了，所以很多人都不相信它会是一个巧合。造物主一定是存在的，自然法则都是造物主创造的。这听起来其实一点儿不荒唐，因为它是很符合逻辑的。

用垃圾场里找来的材料造一架飞机

只可惜不管这句话听起来有多么符合逻辑，它也不能成为造物主真的存在的证据。几年前，有一位天文学家坚持认为地球上的生命不可能是凭空出现的。根据他的说法，第一个可能成为生命的分子在没有意识的情况下诞生了，这样的可能性太小了，这完全不可能是真的。他觉得这个可能性和一场龙卷风经过垃圾场之后用废旧的材料造出了一架波音747飞机一样几乎不可能。

但是我们现在已经知道生命出现的过程了，而且这个过程的出现也没有那么随机。所以也许我们宇宙当中的各种完美状态并不是巧合，而且它们的背后都存在着合理的解释。我们还不能断定这就是事实，造物主的存在也确实可以解释我们的宇宙当中为什么会有这么多巧合。接下来，让我们看看那些不相信造物主存在的科学家都是怎么说的。

连着中1000次彩票

我们的宇宙确实很完美，完美得不像只是巧合，但是科学家又会怎么解释这种不像巧合的完美呢？有些人说这就是巧合，因为巧合本来就是会存在的。我们经常能听到有的人连着中了两次彩票。这种事情发生的概率很低，但还是发生了呀。只不过宇宙级别的完美巧合差不多相当于一个人连着中了1000次彩票头等奖。这也太巧了。另外一些人认为我们宇宙现在的样子就是唯一的那一种可能，那些不可能的情况本来就不可能存在。或者说，宇宙之所以是现在这个样子，就是因为我们存在。这个理由听起来稍微有点儿牵强。科学家就不能想出一些更好的解释了吗？其实是有的，只不过这个解释听起来比我刚才说过的这两个还要离谱：谁规定只能存在一个宇宙？两个、三个、一百万个、十亿个估计都不够，应该有无数个宇宙才对。

像做中学物理实验一样创造宇宙

好吧，我承认。这种说法听起来非常荒唐，但是它其实是有道理的。量子涨落可能在任何地方出现，它会带来无数重可能性。如果我们的宇宙真的是由量子涨落创造的，那么为什么这种事情就只会发生一次呢？大爆炸之后还可以继续发生另外一次大爆炸，而且又不是每次大爆炸都会非常完美。其他那些自然法则不够完美的宇宙并不会存活下来。或者大爆炸根本就不会再次发生，但是只要宇宙的数量足够多，总会有那么一两个坚持下来的宇宙。

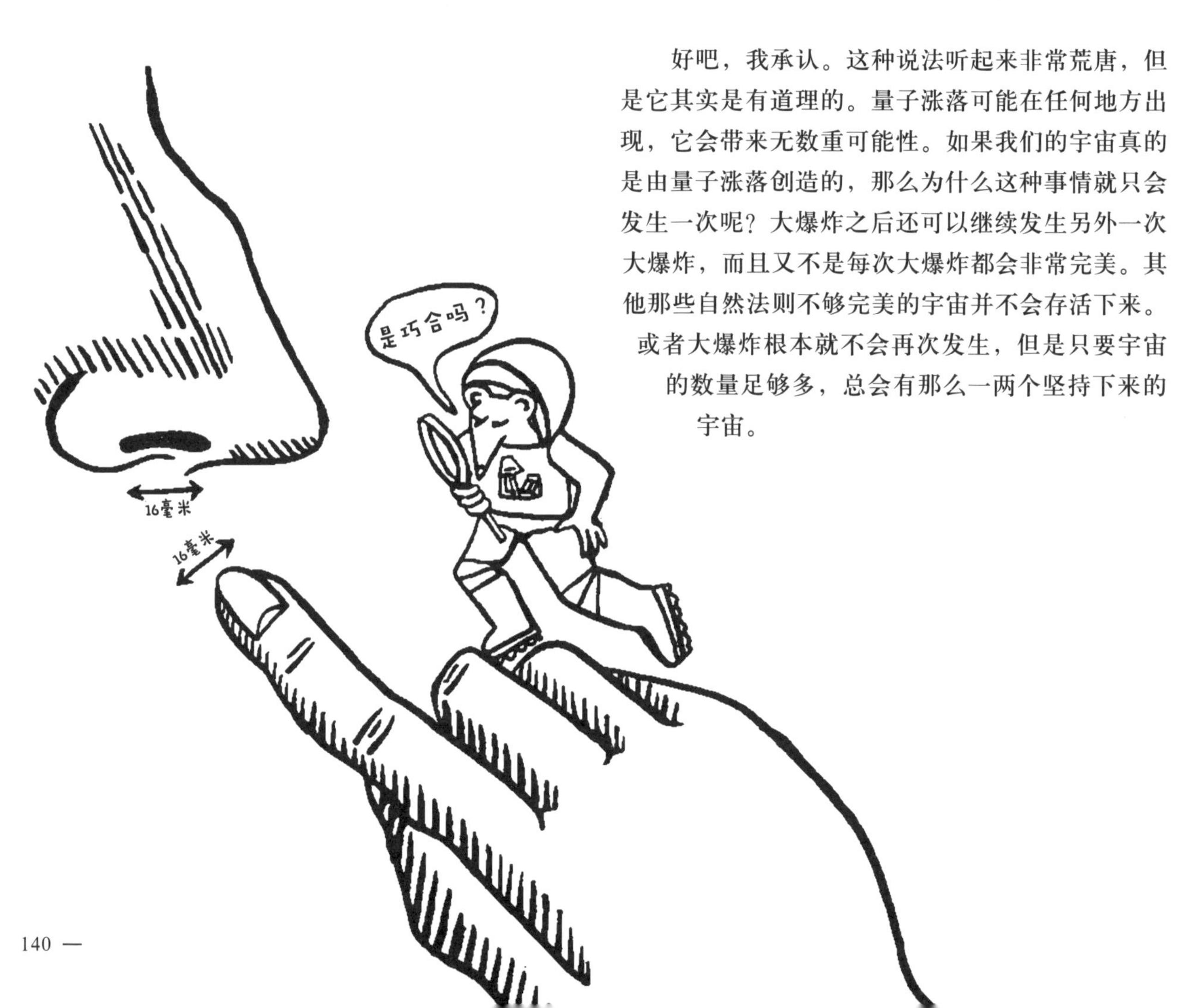

没准儿那一两个坚持下来的宇宙也和我们的一样，有着完美的自然法则。科学家给这些宇宙起了一个名字，叫作多重宇宙。

但这真的可能吗？宇宙的出现真有这么容易吗？也许吧。有些科学家甚至认为我们在未来可能会拥有创造更多宇宙的能力。你可以想象一下，未来的某一天，人类已经变得非常聪明了。到那个时候，创造宇宙可能就和做中学的物理实验一样简单。我们再大胆一点儿，也许我们的宇宙就是某一个中学生创造出来的呢！这下，有很多事就说得通了。不过话又说回来，创造宇宙的时候难道不会发生非常大的爆炸吗？不会的，这个新的宇宙会在内部发生膨胀。空间将会变得非常弯曲，所以对于创造它的人来说，它的大小会始终保持一点点的状态。（请不要问我，因为我也不明白，这听起来跟胡扯没有什么两样。但是提出这种理论的人真的很聪明，大概比整个水球队的人加起来还要聪明，所以我还是决定把它写下来。）

怎么才能离开我们的宇宙呢？

多重宇宙听起来其实稍微有点儿道理。毕竟多重宇宙的寿命是无限长的，体积也是无限大的。但是还是有很多人并不认同这种说法。其中最重要的一条是，既然多重宇宙的体积是无限大的，那么我们就不可能离开这个宇宙去观察外面的世界，所以我们也无法证明这种理论是正确的。想要离开我们这个宇宙是很困难的。离开银河系就已经是一件接近不可能的事情了。而且我们也不知道宇宙的边界在哪里，又怎么计划离开的路线呢？所以光靠公式和计算是没办法证明多重宇宙的存在的。

多重宇宙的说法到底靠不靠谱？

所以不管从哪个角度去思考，多重宇宙听起来都不太靠谱，那为什么又有那么多聪明人会相信多重宇宙的存在呢？几年前，几个相信多重宇宙存在的天才科学家参加了一场学术会议，有人向他们提了一个问题："如果你要和人打赌，赌多重宇宙是存在的，你会拿什么做赌注？你家的金鱼、你养的狗还是你的孩子？"三个天才科学家中有两个都十分相信多重宇宙的存在，所以愿意用自己的狗当作赌注。第三位科学家就更坚定了，他甚至愿意用自己的命做赌注。在这之后不久，另外一位学者也被问了同样的问题。他的回答就很有意思了，他说他非常确定多重宇宙是存在的，所以他愿意拿那两位科学家的狗以及第三位科学家的命做赌注。

这当然是玩笑话了，但是相信多重宇宙存在的科学家和天文学家真的越来越多。因为这些专业人士都觉得这是最合理的解释。

无穷无尽的鼻涕

如果多重宇宙真的存在，那么这些宇宙也会带来无数的可能性。多重宇宙的意思是无数重宇宙，数量多到我们无法想象。但是我们已经做过很多几乎无法想象的事情了，所以我们还是可以试一下。这次，我们要在想象世界里造一台手摇抽奖机。这台机器每次只能摇出一颗球。现在，我们往里面放1号、2号、3号、4号四个小球。你觉得我们每次摇出一颗球，而且它们四个刚好是按照1、2、3、4的顺序被摇出来的概率有多大呢？不太大对不对？

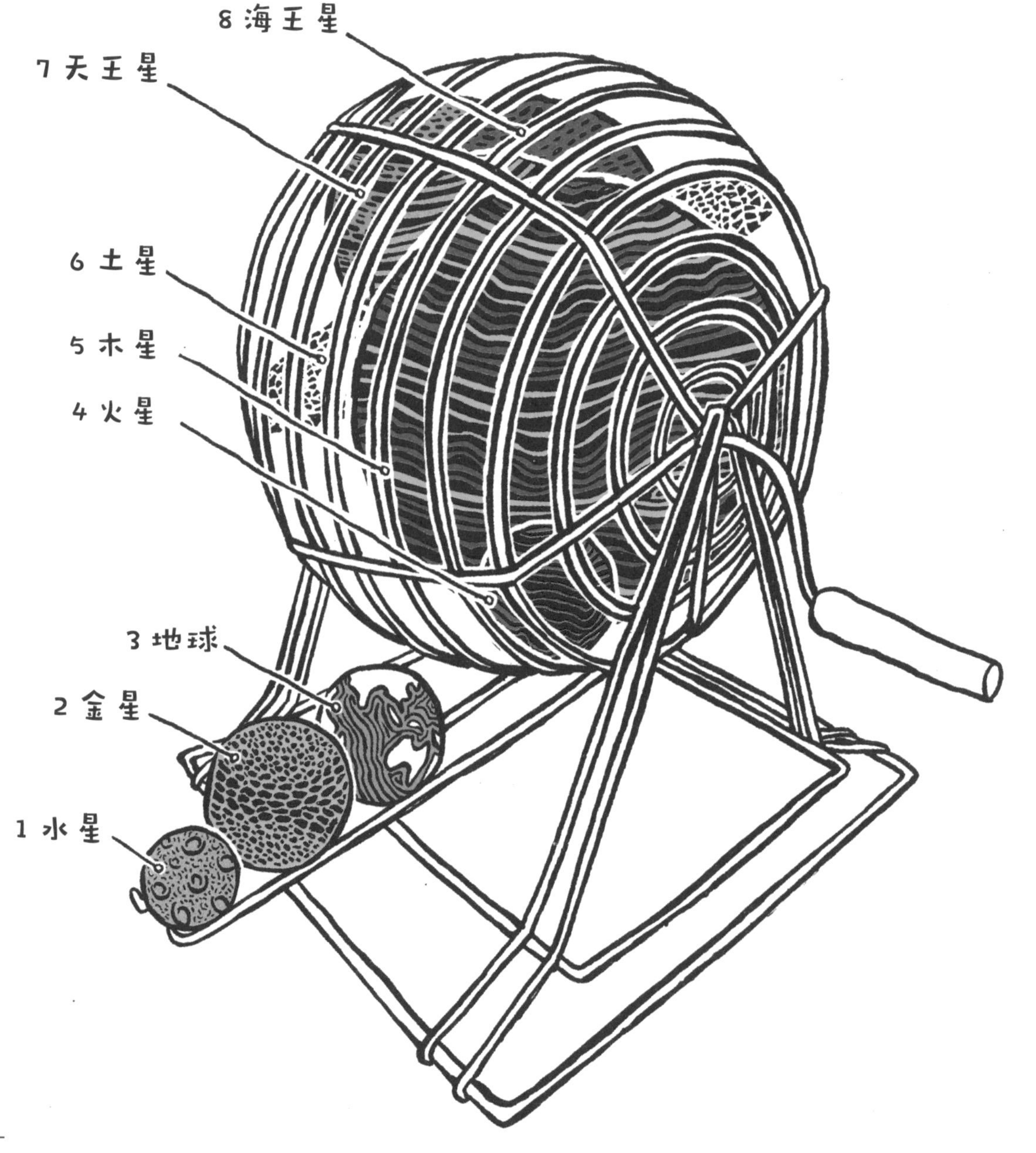

连续摇上100年

首先，第一颗球必须是1号，那么这件事发生的概率就是四分之一。也就是说我们每摇四次，1号球可能只会出现一次。但是这只是1号球而已，后面还有三颗球呢。好消息是机器里现在只剩下三颗球了，所以我们成功摇到2号球的概率会稍微大一些，有三分之一。轮到3号球的时候就要再简单一点儿，机器里面只剩两颗球了，所以我们有一半的概率能摇出3号球。如果前三颗都成功了的话，那么第四颗肯定就没问题了，毕竟现在机器里就只剩这一颗球了。如果我们想计算连续四次按照1、2、3、4的顺序摇到四颗球的概率，就要用四分之一乘以三分之一再乘以二分之一，结果是二十四分之一。所以只要我们足够有耐心，花上一个小时的时间，就可能在第二十四次尝试之前成功做到这一点。

如果小球的数量增加到五个，那么我们就需要一整天的时间，不过也还是能做到的。成功的概率是二十四分之一乘以五分之一。所以平均一百二十次尝试当中就能有一次是按照1、2、3、4、5的顺序摇出所有小球的。如果小球的数量增加到十个，那难度可就大多了，不过做到这一点也并不是不可能的。只要你足够有耐心，一直不停地摇下去，总能成功的。但是如果这个机器足够大，能放得下一百万个小球，那么要想把这一百万个小球按照顺序摇出来，就可能要花上差不多一百年的时间了。不过一百年也不是永远，所以这还是能实现的。

沙子里的人脸

我再说一个例子。假设我们手里有一个玻璃做的小桶。我们先把黑色的沙子倒进去，差不多倒半桶。然后再非常小心地用白色的沙子填满剩余的桶。现在，这个桶看起来很好看，下面那层是黑色的，上面那层是白色的。然后我们把同样是由玻璃做的盖子盖上，开始摇晃这个桶。这时会发生什么？黑色和白色的两层沙子开始混在一起了。如果我们闭着眼睛摇，那么等我们再睁眼的时候，桶里的沙子刚好变成下层都是白色，上层都是黑色的概率有多大？这个概率当然非常非常小了。但是如果我们可以活很长很长时间，而且可以一直一直不停地摇这个桶，那么我们就可以成功很多次。具体是多少次呢？想有多少次就可以有多少次，其实就是无数次。摇沙子也没有那么无聊，你可能会看到桶里的沙子刚好组成了你最喜欢的歌手的脸，或者恰好变成了这本书封面的样子。只要我们活得足够久，也有足够的耐心，我们绝对可以看到这样的画面。活得足够久的意思就是活无数年。“无数”意味着很长、很多，还很大。

现在的你可能不是唯一的那一个你

现在重点来了。多重宇宙的寿命没有尽头，而且体积也是无限大的，所以世界上存在无数个宇宙。那么这无数个宇宙当中，肯定就会有那么几个是一模一样的。虽然宇宙是无限大的，但是宇宙里面的原子并不是无限多的。就像我们不可能拥有无限多的小球或者无限多的沙粒一样。这也就意味着无数个宇宙当中肯定存在和我们的宇宙长得一模一样的宇宙。具体有多少呢？你肯定已经猜到答案了，有无数个。所以这个世界上存在着无数个和地球一样的行星，这些行星上还存在着无数种和地球一样的动物还有植物。这些行星上还有无数的人，他们和我们也是一样的，有无数个你，也有无数个我。还有无数的比萨，无数的百元纸币和无穷无尽的鼻涕。

3.333 333 333 333 333 3……

除了多重宇宙理论，科学家还提出了另外一个理论。在这个理论中，我们的宇宙也不止一个，它叫作平行宇宙理论。平行宇宙理论完全是在量子力学的基础上建立起来的。我们之前讲过，光子和其他微小的粒子既可以像波一样运动，也可以像粒子一样运动。它们甚至可以同时作为波和粒子存在。但是，这些小家伙最后也还是要做一个决定：到底是成为波，还是成为粒子。科学家认为，每当粒子做出决定的时候，就会诞生一个新的世界。如果在我们的世界当中，光子是一种波。那么很可能在一个跟我们平行的世界当中，光子是一种粒子。粒子的数量是数不清的，所以新世界的数量也是数不清的。

这个理论听起来非常离谱，但是很多非常有智慧的人认为这就是事实，并且还在非常努力地证明这个理论的正确性。

用十九步跨越无限长的距离

“无限”这种事听起来本来就不太靠谱。我们没法儿想象“无限”具体是什么样子，而且它好像根本就不可能在现实中存在。但是“无限”可能远没有你想象的那么大。比如我现在正坐在电脑前写书，这时正好想去冰箱里拿一个苹果吃。我可以把我的书桌和冰箱之间的这段距离分成无数份。具体的过程是这样的：我先把它分成两份，让两份距离的长度一样，然后再把每一份都分成两份，这样我就有了四份相同的距离。我可以一直分下去，分成十份、一百份、十亿份，甚至是千万亿份，直到每一份都变得无限小，这样这段距离就有无数份了。现在，我如果想从这里到冰箱那里，就要努力跨越一段无限长的距离了。好吧，我承认，这段距离本身并不长，它可以有无数份呀。这段有无数份的距离只需要十九步就能走完。我写书的时候经常跑去冰箱里拿东西吃，所以我知道。

“无限”本身就很离谱

人的大脑是很难理解“无数”或者“无限”这种概念的，但是这并不意味无数或者无限就是不存在的。在数学的世界里，无限是最常见不过的了。如果我们用3除以10，那么就会得到无数个3，3.333 333 333 3……小数点后的3会不断循环，永远不会走到尽头。如果我们能通过多重宇宙回溯宇宙的起点，那么我们就需要先找到最后的那个“3”，然后从它开始一直回到小数点前面的那个“3”，但这是不可能的。就像我把从书桌到冰箱的距离分成了无数份，但是它并不代表这段距离就是无限长的一样。

无限也有很多种，有些无限要比另一些无限大很多。信不信由你。

如果我们想不明白，那造物主肯定就是存在的

无限、多重宇宙和造物主，这些都只是可能性而已。我们暂时还不能确定我们的宇宙到底是怎么诞生的。最好的答案就是我们不知道。当然，作为人类，我们马上会想到这是造物主创造的，这是很正常的事情。古代的人不知道太阳为什么会升起，于是他们就认为是神仙在控制着太阳。他们也不知道地震这样的自然灾难为什么会发生，于是就认为这是神仙在惩罚人。雷神的传说也是一样。如果有些事情我们怎么样都想不明白，那么我们就会觉得这是造物主的神迹。话又说回来，以前的人不了解自然法则，自然也就不知道它们有多完美。但了解之后，有的人就更相信造物主的存在了。

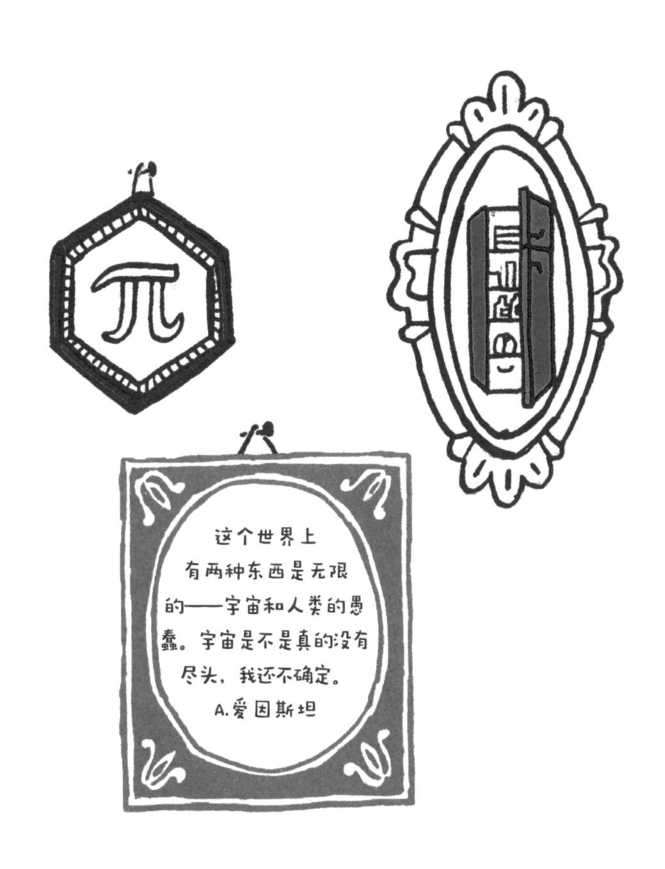

π
这个世界上
有两种东西是无限
的——宇宙和人类的愚
蠢。宇宙是不是真的没有
尽头，我还不确定。
A.爱因斯坦

只能活3小时

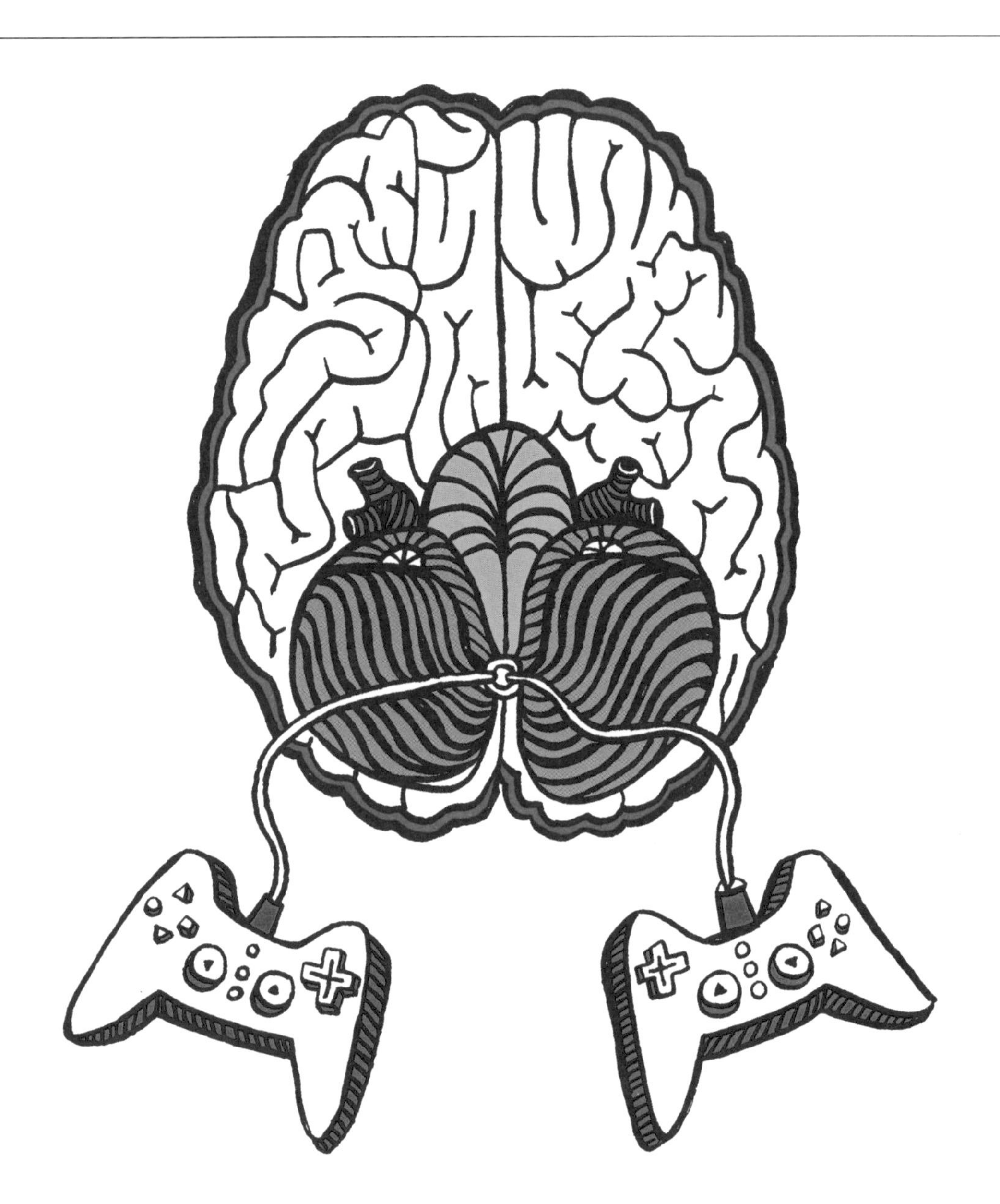

你可能会想，好了，终于说完了，不会再有其他奇奇怪怪的理论了吧？你错了，类似的奇奇怪怪的理论还有很多。其中有一个真的非常有意思，我一定要讲一讲。我先要问你一个问题：你怎么知道这一刻的你不是在做梦？你有可能正在床上躺着，然后刚好梦到你正在读这本书。而且你在做梦的时候，永远不会意识到这只是梦境而不是现实，不是吗？我们只有在醒来之后，才会想起刚才是在做梦。有些人可能会选择掐一下自己，如果他们感觉到了疼，那么他们就肯定不是在做梦。这个办法其实一点儿用都没有，因为你在睡梦当中也是会感觉到疼痛的。

简单来说，其实你并不能确定自己是不是在做梦。你可能会觉得眼前的场景有些奇怪，但是你在睡梦之中是不可能确定地知道自己在做梦的。大部分在梦境当中发生的事情都是不符合逻辑的。有一点是可以确定的，你是确确实实存在的，否则你就不可能做梦了。

你的生活可能就是一场电脑游戏

更可怕的是，做梦并不是唯一的可能。你还可能正连着一台电脑，你现在经历的一切，其实都是电脑程序，所以你的人生就是一场电脑游戏，只不过这种游戏的体验要真实得多。你的生活也有可能是一部电影，你扮演的是其中的主角。又或者电脑其实也是我们的想象，我们都在被另外一种东西控制着。这些都不是最新出现的理论。自古以来，很多哲学家都认为我们的世界并不是我们的眼睛看到的样子。早在公元前，这种想法就已经存在了。

这些认为人生是梦境或者电脑游戏的理论真的有道理吗？首先，这真的是有可能的，毕竟我们无法证明我们的世界不是一个想象世界。其次，也许我们的宇宙并没有那么大，时间也不是永久的。也许我们的世界其实很简单呢。再次，如果我们的世界并不是真实的，那么我们就不会这么痛苦了。那些正在发生的战争、饥荒、灾难和电视里正在上演的各种可怕场景就可能不是真的。可是如果真的如此，我们又为什么一定要在梦里感受这些痛苦呢？既然是做梦，为什么我们的世界不能只有快乐呢？这样，你就永远不需要面对失败了。可是如果一部电影只有好事，一丁点儿坏事都不演，我们肯定也不会爱看的，不是吗？我们都喜欢那种让我们稍稍有一点儿紧张、结局却还是很美好的电影。但是人生比这种电影糟糕多了，人生永远不会有一个美好的结局，因为我们都会死的。不过如果我们的世界并不是真实的，死去其实也没有什么关系。我们在梦的世界里死了，也许能在真正的世界当中醒来。我真心希望，如果那个真实的世界真的存在，那个世界的人能清楚地知道宇宙到底是怎么诞生的。

永远不要完全相信你看到的一切

我个人其实并不怎么相信这种理论。我之所以要跟你分享它，是因为它的背后其实还隐藏着一个很重要的信息：我们不应该完全相信我们看到的一切。在我们看来，地球是平的，太阳是绕着地球转的，夜空当中的星座不管怎么移动，都会保持一样的距离。但是这些都只是表面现象，现实并不是这样的。我们看到的东西可能并不是实际存在的。或者说我们看到的只是很小的一部分，不能给我们提供足够的信息。不知道你有没有听说过蜉蝣。它是一种神奇的昆虫，会先在水中生活很多年，然后在生命的最后一天变成一只飞虫，看到水面之上的世界。大部分蜉蝣在离开水之后，只能存活几个小时。有一些幸运的小蜉蝣最多可以存活几天。

从前，有一只小蜉蝣，它在一个阳光灿烂的日子变成了飞虫。那么它永远也不会知道，这个世界其实是会下雨的。另外一只小蜉蝣在离开水之后直接飞进了森林，那么它永远也不会知道这个世界上还有岛屿。还有一只小可怜刚飞出水面就被吃掉了，什么都没有看到。这些小家伙都只看到了这个世界中很小的一部分，而且只看到了这个部分在很短的一段时间里面的样子。我们甚至可以说，蜉蝣完全不了解这个世界。它们不知道地面以下发生着什么；它们不知道地球之外还有星系和超新星的存在；它们不知道什么是手机：它们知道的那些事情基本上可以忽略不计。但是我们今天并不是要向你介绍蜉蝣这种生物，我是想要让你更好地认识你自己。其实，我们和蜉蝣很像。我们能看到的，也只是这个无边无际的宇宙当中很小很小的那一部分。在我们能看到的这一小部分里面，我们已经发现了很多我们无法理解的地方。我们和蜉蝣的区别在于，我们很想解开这些奥秘，也会非常努力地寻找答案。更重要的是，我们能从我们的同伴和前辈那里获得很多宝贵的知识。

一个非常中肯的建议：如果你想保持轻松愉快的心情，请不要阅读接下来的这个章节

我们一开始就讨论过炼金术士和他们钟爱的魔法石了。这些炼金术士同样非常希望能够通过某种方式获得永生，所以他们把时间都花在了寻找能让他们永远保持年轻的方法上面。他们还发明了一个代表永生的符号：衔尾蛇。这条蛇正在吃自己的尾巴，整个身体形成了一个从头到尾但永远没有终点的圆环。我猜这条蛇应该不用担心自己饿到，但是它应该也挺疼的。如果让我选的话，就算能活很久，我也不会选择把自己的脚吃掉的。

追求永生的不只是古代人，现在的人也在非常积极地寻找能够延长生命的办法。有些人知道自己的病再也治不好了之后，就开始寻找能把自己的头移植到别人的身体上的方法。还有些人会花好大一笔钱，让别人把自己整个儿冻起来，等着解冻的那一天。如果有一天，医生们找到了治病的办法，就可以再把他们从冰箱里拿出来，让他们再次活过来。不过这样做还是有一个缺点，他们早晚都是会死的。所有事情都有终点，宇宙也是一样，至少目前看来是这样的。让我们一起来了解一下宇宙的未来吧。

一个非常不乐观的未来

到目前为止，我们已经可以确定几个事实了。首先，暗能量正在让我们的宇宙变得越来越大。早晚有一天，所有星系都会从我们的视线中消失。到那个时候，我们的星系周围就会只剩下一片空空荡荡的宇宙。这听起来好像很糟糕，但其实也没什么，毕竟我们现在也没有和那些我们还看得到的星系产生什么联系。如果这一天真的到来了，我们也不会觉得太孤独。而且就算其他星系都飞远了，总还有一个会留在我们身边的。你还记得仙女座星系吗？它可是正在朝我们飞来呢。

仙女座星系和银河系的碰撞就是一场几千亿颗恒星和另外几千亿颗恒星的碰撞。不过用“碰撞”这个词有点儿夸张了。我们之前讲过，星系内部的恒星之间其实相隔很远，所以就算两个星系发生了碰撞，恒星也不一定会撞在一起。也许会有几颗可怜的恒星或者几颗行星躲不过被撞的命运，但是它们的数量不会很多的。星系相撞大概会在30亿～40亿年之后发生。在那之后，我们还要再等上30亿～40亿年，两个星系才会融合到一起，这个新的超级星系当中的每颗恒星也会找到属于自己的新位置。（话说，你觉得银河仙女星系好听，还是仙女银河星系好听？）

一个巨大的口子

但是和仙女座星系相撞之后，更危险的还在后面。这个时候，暗能量已经变得非常强大了，强大到能把整个宇宙撕开一个巨大的口子。银河系中的恒星都逃不过被打飞的命运，行星也逃不过，它们会从恒星身边被拉走。到最后，连原子都会被拆散。听到这里，你就会明白为什么所有天文学家都在努力证明这个预言是错的了。好消息是，这种事发生的概率很小。而且就算它真的会发生，也还要再等上好几十亿年。我们还有足够的时间设计应对方案。科学家可以考虑研究一些超级胶水或者宇宙强力胶布什么的。

如果我们把时间拉到很远很远的未来，那么宇宙就又会变得空空荡荡。到那个时候，银河系里的每一颗恒星都已经烧没了。最后一颗行星也已经被黑洞或者其他恒星吞掉了。存活到最后的那个黑洞也会融化掉。到最后的最后，原子也会碎掉。宇宙里只剩下一些不知道自己该做些什么的电子、中微子和光子。整个宇宙又空、又冷、又黑。当然了，这种事情要在很久很久以后才会发生，大概是“1”后面有一百多个“0”那么多年之后吧。而且你也不需要担心，我们的地球是坚持不到那个时候的。在那之前，地球早就被太阳毁掉了。又或者，在太阳毁灭地球之前，一颗巨大的陨石早就把地球上的所有生命一起砸死了。

回到恐龙时代

你是不是觉得这章的内容很可怕？也许你刚刚决定要向炼金术士学习，找到永生的办法，然后就从我这里知道了宇宙最终的命运。那你该怎么办呢？请不要惊慌，还是有办法的。目前来看，地球被巨大陨石撞到的可能性非常低。所以如果我是你的话，就完全不会担心这种事情。再说了，科学家正在非常努力地研究把人搬到太空去生活的办法。所以也许在未来的某一天，即使地球毁灭了，我们也还是可以在一个巨大的宇宙空间站或者其他星球上继续快乐地生活。

在太空生活成为可能性之前，我们也可以在超级计算机的帮助之下变得越来越聪明。所以也许就在不远的将来，科学家可以制造出一种小药片，只要吃了它，就能活到100万岁，然后亲眼见到人类可以移民太空的那一天。也许到时候我们就不需要离开地球了，直接移民到另外一个不会被毁灭的维度去就可以了！又或者我们终于找到了时间旅行的方法，然后直接穿越到过去，找一个适合人类生活的时间了。搞不好，我们还能和恐龙做邻居呢。

我的最后一个建议：记得要一直努力提出问题

好了，现在我们来总结一下：

最开始的时候，什么都没有——没有宇宙，没有物质，甚至连时间都没有。但是什么都没有从来都不是什么都没有的，什么都没有的地方会出现量子涨落。量子涨落就是存在时间非常非常短，也非常非常小的能量场。量子涨落实在太小了，存在时间也实在太短了，所以自然法则对它来说是无效的。所以量子涨落的周围会出现反重力。在很短的时间里，量子涨落会以超过光速的速度被拉开。

在什么都没有的地方，还会出现一种“真空能量”，这种能量很可能就是暗能量。暗能量就是让我们的宇宙快速变大的主要推动力。暗能量也是大爆炸的幕后推手。它让量子涨落在很短的时间内变大，然后形成了最初的宇宙。暗能量从那个时候就一直存在，直到现在都还在推动着宇宙越变越大。

因为发现电子这种
粒子获得诺贝尔奖
因为发现电子具有波
的性质获得诺贝尔奖

能量场中既会产生粒子，也会产生反粒子。但是粒子的数量会比反粒子的数量稍微多一点点，就这样，宇宙当中很快就出现了一些物质。再后来，粒子组成了原子，然后组成了恒星。恒星又积累了更多的物质。恒星爆发变成超新星之后，还会产生更多新物质。这些新物质会组成更多的恒星和行星，比如地球。然后，地球上就出现了你、我、弗洛尔这样的人。

这可能就是宇宙起源的故事。我只能帮你到这里了。因为这就是我了解到的所有事情。恭喜你！你成功地读完了这本很复杂、很难懂的书！

虽然你已经把书看完了，但是人类探索宇宙的脚步还是会继续。好消息是，科学家还在不断发现更多让人感到兴奋不已的新知识。再过几年，我们就能在新发现和新知识的帮助下了解宇宙的更多秘密。

科学是不会停下它前进的脚步的。1906年，约瑟夫·约翰·汤姆孙（Joseph John Thomson）因为发现了电子这种粒子得了诺贝尔奖。1937年，他的儿子乔治·佩吉特·汤姆孙（George Paget Thomson）也获得了诺贝尔奖。只不过令他获奖的发现是：电子具有波的性质。

很可惜，我并不能告诉你宇宙是从哪里来的，但是我尽力把知道的事情都写了下来，所以现在你已经了解到了很多和宇宙有关的知识。有了这些知识，你就能提出自己的想法。我也希望我在这本书里面写下的内容让你看到了有趣的科学世界。我们共同见证了那些最小的、最大的、最奇怪的东西的世界是多么奇妙。我希望你也在我们的想象的时间旅行中找到了乐趣。假设平行宇宙真的存在，在这种假设的基础上继续思考是不是很有趣？

思考永远是从问题开始的，所以我也曾经暗暗地希望宇宙的谜题永远不要被解开。只要我们还有疑问，我们就一直不会停下研究和思考的脚步。研究和思考会给我们带来更新的发现，让我们的生活变得更有趣、更美好，也更舒适。

现在，我打算去做一杯鸡尾酒，然后在杯子里插上一把小阳伞。虽然我并不是在一个热带小岛上，但是我还是很高兴。干杯！

毕业证
成功读完了这本复杂又难懂的书
恭喜你！
日期
你被授予“宇宙小专家”称号
有效期两天
扬·保罗·舒腾
专门研究一些有的没的
签字

等一下！还有最后一点点！

在我写完这本书之后不久，史蒂芬·霍金去世了。霍金是一位物理学家，而且很可能是21世纪最伟大的一位天才。这本书里的很多伟大发现都有他的参与。更重要的是，他在去世前不久，还写了一篇介绍宇宙的文章。这本书剩下的地方不多了，所以我就不重复他的话了，简单地帮你总结一下：霍金认为，我们的宇宙是多重宇宙当中的一个，而且这些多重宇宙当中存在着很多个跟我们很像的宇宙。宇宙的总数很多，但并不是无限多。如果霍金的理论是正确的，那么多重宇宙当中确实存在着非常非常多的鼻涕，但不是无限多的。所以我要向你们道歉，宇宙里面并没有无穷无尽的鼻涕……

致谢

在写这本书之前，我完全不知道我会这么喜欢这个研究主题。那些关于宇宙起源和天文学的书实在是太有趣了，而且我还在网上找到了很多和天文学相关的有趣讲座。不过我也必须承认，宇宙是一个非常复杂的主题。如果没有这些专家的帮助，我就不可能完成这本书。

我首先要感谢霍弗特·席林。他的书和网站帮助我解决了很多疑问，而且他还非常慷慨地在我写这本书的过程中为我提供了很多帮助。

马克·克莱·沃特对这本书来说非常重要。他作为一名天文学专业人士，仔细地阅读了我的手稿。

蔡司·德科给我提供了很多关于信仰内容的建议。如果让他来写的话，那部分内容可能会很不一样。他本人就是科学和信仰可以结合得很好的最好证明。

彼彼·迪蒙·达克的帮助让这本书变得有趣了很多，也更容易理解了。我总是在她开车的时候把我的稿子念给她听。如果她在开车的时候能够毫不费力地听懂里面的内容，这就能算得上一本好书了。

玛莲恩·洛特和史蒂芬·立德都给我提供了非常好的建议，弗洛尔也很感谢他们。

扬·保罗·舒腾

首先，我要感谢我的天文学家哥哥。没有他丰富的专业知识，这本书就不可能成为现实。年轻的史蒂芬为我们提供了年轻读者的声音。我们两个的职业完全不相干，但是能以这种方式在一起合作真是太棒了！我还要感谢我的父母。他们认为对探索未知的兴趣应该比按时上床睡觉更重要，所以愿意在月食和流星雨出现的夜晚叫醒我们。我还要感谢我的爷爷。是他的鼓励让我有勇气开始写这本书。（他的邮票收藏里有一枚是来自德国通货膨胀时期的，正好可以用得上！）苏珊娜·诺尔斯是世界上最棒的美术编辑。她在压力非常大的情况下还能保持冷静和轻松的能力让我十分佩服，我真的非常享受和她在一起工作的时光。感谢我的后援团，汉娜和妮娜（加上肚子里的艾博），没有你们我肯定不知道该怎么办。卡嘉、玛莲恩、文森特、多丽丝、贝丝……真是抱歉，最后才提到你们，但是我衷心地感谢你们！

弗洛尔·李德

著作权合同登记：图字 01-2024-0633 号

Originally published under the title ***Het mysterie van niks***
by Uitgeverij J.H. Gottmer/H.J.W. Becht bv, Haarlem, The Netherlands;
a division of the Gottmer Uitgeversgroep BV.

图书在版编目 (CIP) 数据

宇宙的秘密：从粒子到万物 / (荷) 扬·保罗·舒腾著 ; (荷) 弗洛尔·李德绘 ; 张佳琛译 . -- 北京 : 人民文学出版社 , 2022（2024.5 重印）
ISBN 978-7-02-017323-5

Ⅰ . ①宇… Ⅱ . ①扬… ②弗… ③张… Ⅲ . ①宇宙－普及读物 Ⅳ . ① P159-49

中国版本图书馆 CIP 数据核字 (2022) 第 123834 号

责任编辑　朱卫净　王雪纯
装帧设计　李苗苗

出版发行　人民文学出版社
社　　址　北京市朝内大街 166 号
邮政编码　100705
印　　制　凸版艺彩（东莞）印刷有限公司
经　　销　全国新华书店等
字　　数　275 千字
开　　本　889 毫米 ×1194 毫米　1/16
印　　张　10.25
版　　次　2022 年 8 月北京第 1 版
印　　次　2024 年 5 月第 3 次印刷
书　　号　978-7-02-017323-5
定　　价　198.00 元

如有印装质量问题，请与本社图书销售中心调换。电话：010-65233595

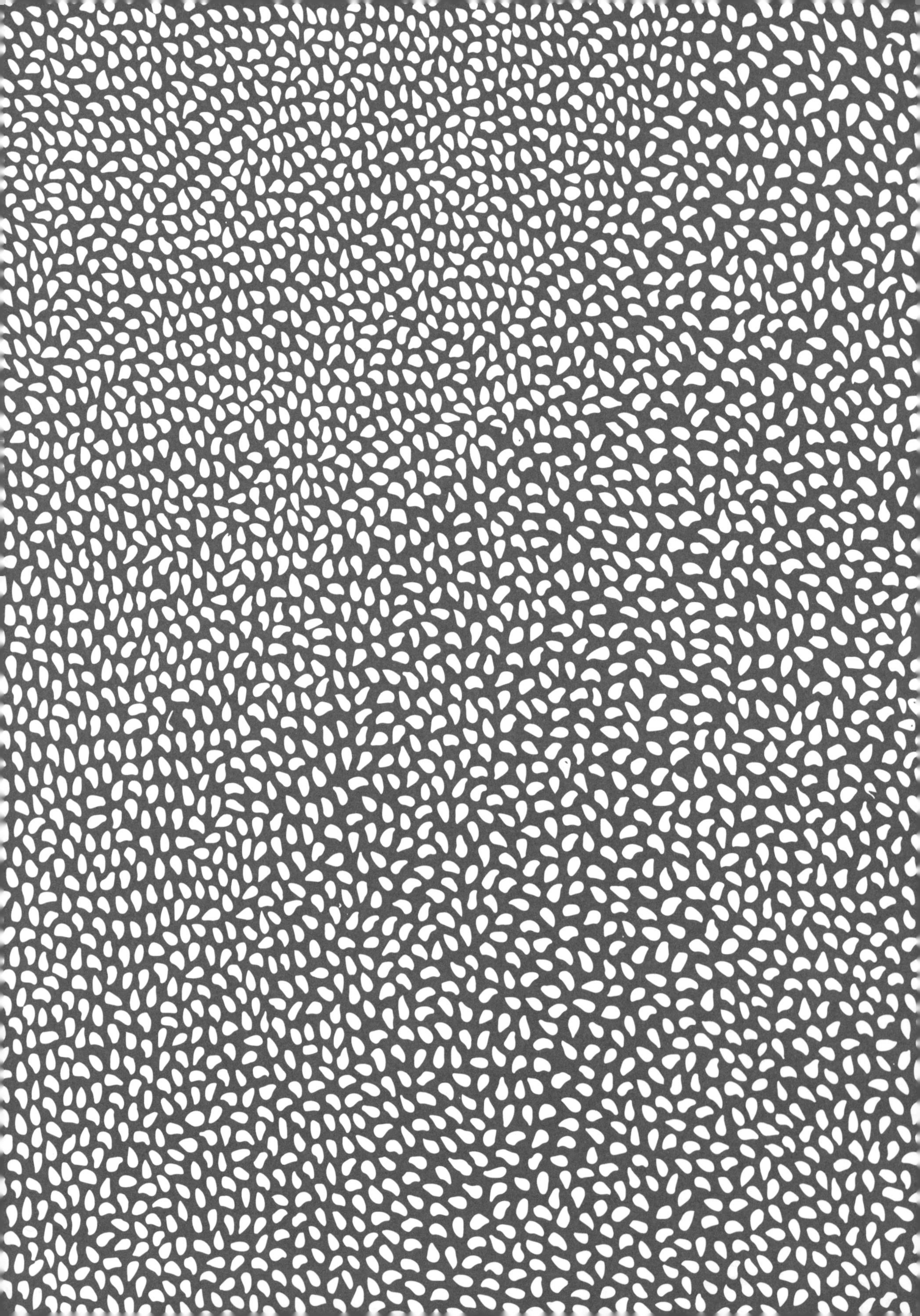